探検！ 発見！
わたしたちの地域デザイン

―探し出して発表するまで―

町田怜子・地主恵亮・矢野加奈子
竹内将俊・茂木もも子・鈴木康平

はじめに

この本は「探検」のための本です。

探検と言われると、どんなことを思い浮かべますか？
山の奥深くや、海の底深くに出かけないといけないと思うかもしれません。でも、そんなことはないんです。おうちから一歩出れば探検は始まります。虫を捕りに行く、植物を見る、自転車で遊びに行く、お買い物に行く、学校に行く、全部探検です。

探検には「探（さが）す」という文字が使われています。つまり何かを発見すれば探検！この本を読んで、あるいは持って出かければたくさんの発見があるはずです。どんな発見でもかまいません。

人類で初めて月に降り立ったニール・A・アームストロングさんはこんなことを言っています。

「人間にとっては小さな一歩だが人類にとっては大きな一歩だ」

その発見は自分にとっては小さなものかもしれませんが、誰かにとっては大きな発見かもしれません。

この本には発見する方法や、その発見を誰かに伝える方法、その発見から未来を考える方法が書いてあります。ただ答えは書いてありません（ごめんね！）。なぜならこの世界は発見されていないことだらけだからです。
この本を読んで、みんなの力で発見して、みんなの目で観察して、みんなの頭で未来を想像して、みんなの言葉でその発見を教えてください。

ということで、探検に出かけましょう。準備はいいですか？

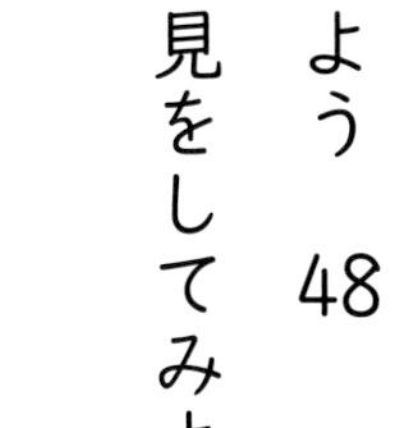
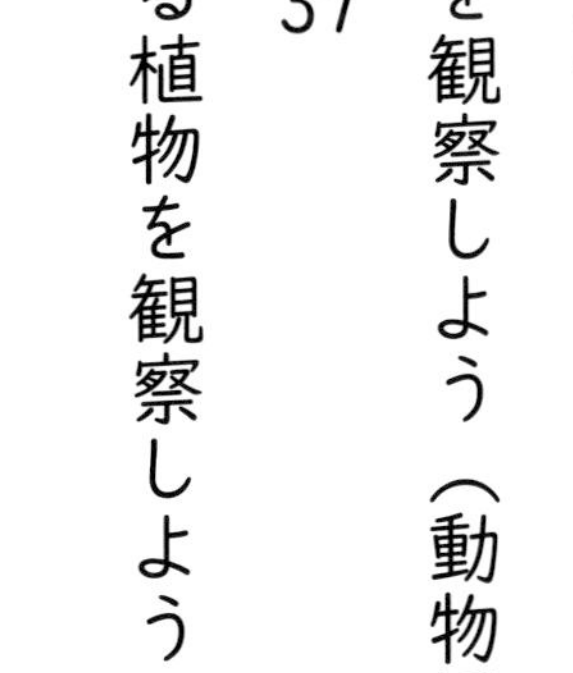
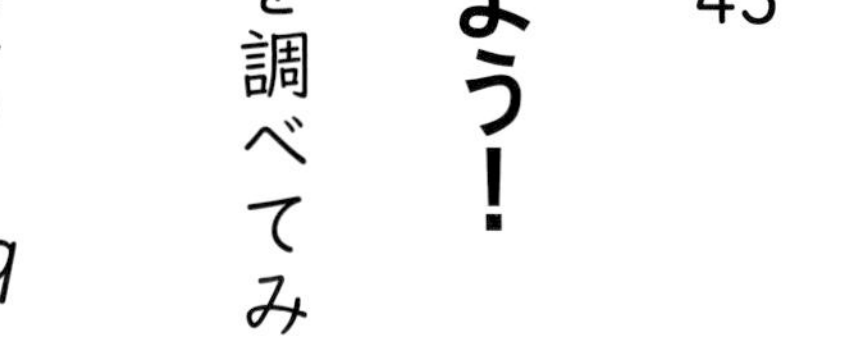
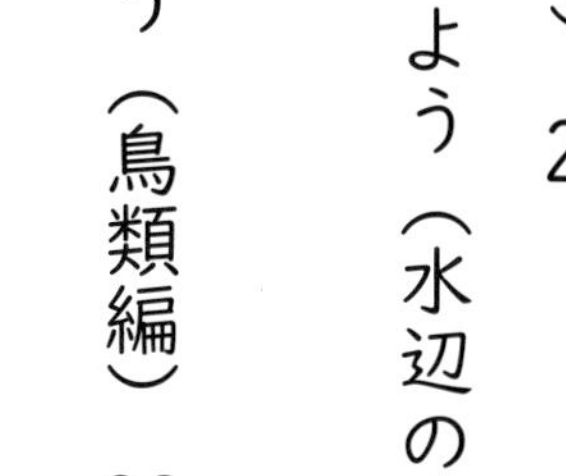

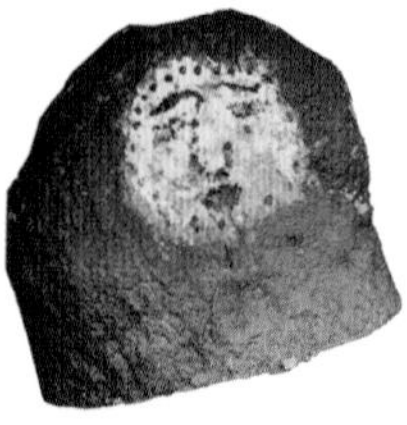
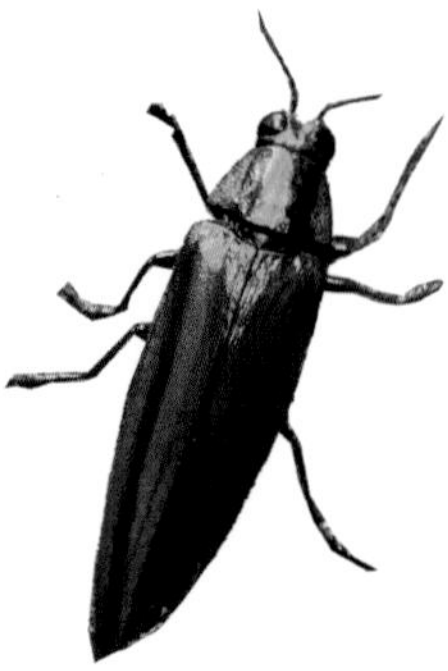
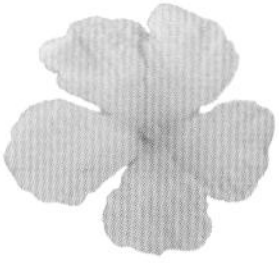
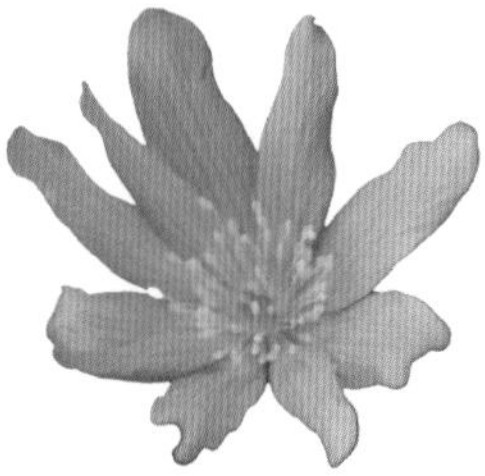

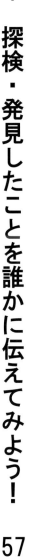

第5章　私たちの地域デザイン　77

付録

第1章　きみと地域デザイン

地域に探検に行こう！
でも「地域」ってなに？

どこに探検に行けばいいのでしょうか？　実は簡単です。地域です。いろいろな発見があるはずです。

そもそも「地域」という言葉を知っていますか？　辞書で「地域」と調べてみると「ある一定の範囲の土地」（大辞泉、小学館編）と書いてあります。「ある一定」とは、自分が暮らしているところです。

いま自分が住んでいるところからは何が見えますか？

山や川が見える人もいれば、ビルが見える人もいるはずです。電車が走っていたり、カラスが飛んでいたり、学校や病院があったり、季節によっては紅葉する木々だったり、稲穂がこうべを垂れているのが見えるかもしれません。

この本で「人々が集まり生活していくために、自然（地形や気候など）と折り合いがつく範囲」を地域と呼んでいます。

つまり、自分が暮らしている範囲が地域なのです。もし遠く離れたところにお友達がいれば、お友達が暮らしている範囲がまた別の地域ということになります。

自分が暮らしている地域には何があるかな？

地域の成り立ちから探検は始まる

まずは地域の成り立ちを考えるところから探検を始めましょう。

地域はある日突然生まれたわけではありません。そもそも「地域」という言葉は十九世紀頃に生まれたもので、ドイツ人の地理学者のH．carol先生は地域とは「大気、岩や土、水、生物などいろいろとつながっているまとまった空間」と言っています。

これはどういうことでしょうか？

雨が降ります。その雨で山や岩が削られ地形ができます。

そこに水が流れ始め、川ができます。すると周りに草木が茂りだし、やがて動物や鳥、昆虫などが生息するようになります。

人間も動物ですから、そこに我々の先祖も住み始めるわけです。家を建て、開拓して畑を作り、動物を狩り、中には牛や馬を飼う人もいるでしょう。営みが始まるわけです。人々が集まれば文化が生まれます。言葉や挨拶、お祭りや信仰などです。

このような歴史があっていま自分たちが住んでいる地域は生まれました。つまり全てがつながっているわけです。どれか一つなくなるだけで、地域は生まれなかったかもしれません。だから、地域を考えるときは今だけを考えるのではなく、その成り立ちも考えていかなければなりません。

地域によって成り立ちは異なります。木を使い生活をする人々が集まって暮らし始めた地域はやはり木々が豊かだし、漁師さんが集まって生活を始めた地域は海がなくてはなりません。

だからこそ、自分が住んでいる地域と、遠くに住んでいるお友達の地域では、違いがあるわけです。成り立ちを考えると探検での発見はより多くなるはずです。

農村、都市、漁港、いろいろな地域があります

地域デザインという考え方

探検に出かけるのは「地域」がいいということがわかったと思います。ここからは、探検・発見から未来を考える方法について書いていこうと思います。地域の未来を想像するとより探検が楽しくなるからです。

そこで大切になるのが「地域デザイン」という考え方です。この本のタイトルにも「地域デザイン」という言葉が使われています。

そもそも「デザイン」という言葉を知っていますか？

簡単に説明すると「計画」という意味です。もう少し詳しく書くと「目的を作り具体的に計画する」ということになります。

よく聞く言葉ではあると思います。たとえば、カッコいいポスターを見たとき、かわいい洋服を見つけたときなどに「いいデザインだね」と言ったり、聞いたりしますよね。

地域にも「デザイン」は存在します。自分で探検し、発見しながら、どのような地域になるとよいか、どのような地域にしたいかをみんなで考えることで地域はデザインされていきます。つまり、よき探検者はよきデザインができる人のことでもあるのです。

では、地域デザインとは何をすればいいのでしょうか？

地域デザインを楽しく進める順番があります。

①「なぜ？」「なんだろう？」を探し、「探検する」
②探検し発見したものを「調べる」
③探検・発見・調べたことを「だれかに伝える」
④地域の「未来を考える」

まず一番大事なことは探検に出かけ、何かを発見することです。

たとえば、生き物を見つけた、お花が咲いていた、のぼるのが大変な坂を見つけた、地域のおもしろい昔話を聞いたなど、なんでも問題ありません。皆さんが出かけて楽しいな、うれしいな、素敵だな、へんてこだけどおもしろいなと思うことをたくさん見つけてください。

そして、見つけたものを友達に発表してみましょう。もしかしたら友達が見つけた素敵なものは、自分が見つけたものと全然違うかもしれません。それもいいなと思ったり、それはいらないなと思ったり、いろいろな考えが出てくるはずです。

たくさんの発見をみんなで発表し、どのような地域になると嬉しいか、どのような地域になってほしいか、なぜそのような地域になるとよいのか、どうすればそのような地域になるか、みんなで考える、それが「地域デザイン」です。

小学生、高校生が作った松子川のガイドマップ

自分で探検し、発見しながら、どのような地域になるとよいのかを考えてみんなに伝えてみよう

住んでいる「地域」を観察しよう

みなさんが住んでいる「地域」になにがあるか歩いて観察してみましょう。

なにがあるか知ることでもっと皆さんの地域が、どのような地域なのかわかるかもしれません。

1、家から5分で歩ける範囲にどんなものがあるか観察して書き出してみましょう
2、書き出したものを「植物」「生き物」「地形（山、丘、谷など）」「水辺」「人の暮らし」「神社やお寺」など仲間に分けてみましょう
3、どんなものが一番多いか、どんなところが好きか書いてみましょう

植物	
生き物	
地形 （山、丘、谷など）	
水辺	
人の暮らし （家、建物、お店など）	
神社・お寺	
その他	

3、どんなものが一番多いか、どんなところが好きか書いてみましょう

一番多かったもの

好きなところ

第2章　地域を探検・発見しよう！

地域を探検する７つ道具

①探検しやすい洋服・靴・帽子

地域に出て森や川、里山、公園に行くと、虫にさされたり、木にひっかかったりします。

その時の気温に合わせて、怪我をしにくい長そで・長ズボン・帽子・運動靴で出かけます。雨具もあると、急な雨が降っても安心です。必要に応じて虫よけスプレーなども用意します。

②メモ帳・スケッチブック

地域を探検するときは、見たことや誰かに教えてもらったこと、聞いたこと、発見したことを忘れないように記録することが大切です。この本のワークシートも探検の記録に使えます。

③筆記用具

鉛筆だけでなく、雨でも消えにくいペンなどがあると便利です。

④地図

探検する場所の地図を持っていきます。三章で地図を使った探検の方法を説明しています。地図を見ながら、そこがどんな場所なのか、どんな風景なのか、この坂はおもしろそうだな、など、地域の姿を想像してみましょう。地図で想像した地域と実際探検した地域を比較すると、おもしろい発見があります。

⑤画板

探検中に、メモを書いたり、地図を書いたり、ワークシートを書き込むときに画板があると便利です。画板に地図やワークシートを挟んで探検に行きましょう。

⑥水筒・食べ物

元気に探検できるように、飲み物、食べ物をもって出かけましょう。お水を持っていくと、けがをしたときに、傷口を洗えます。ごみを持ち帰る袋も持っていきます。

⑦カメラ（もしあれば）

写真を撮ることも大事な探検の記録になります。

その他にも自分がいつ、だれと、どこを探検するのか、何時ごろ帰ってくるのか、家族の人に伝えましょう。初めて行く場所は、家族やお友達と一緒に探検することをおすすめします。

そして探検する地域は、そこで暮らす人、生き物にとっても大事な場所です。「ありがとう」の気持ちを持って探検に行くことが大切です。

持ち物チェックシート

自分で必要だと思うものを考えて持っていきましょう。

- □ 汚れてもいい服装（できれば長袖・長ズボン）
- □ 汚れてもいいすべりにくい靴
- □ 帽子
- □ タオル
- □ 水筒・おやつ
- □ 筆記用具
- □ 地域の地図（画板があると便利）
- □ カメラ（あれば）
- □ 虫よけなどの薬
- □ ティッシュ・ハンカチ
- □ ビニール袋（ゴミなどを持ち帰る用）
- □ 図鑑（もっていければ）
- □ 虫網、観察用のかごなど

その他にも自分が必要だと思うものを、探検にあわせて

自分で準備しましょう。

地域を探検するポイント
地域を見渡す

地域の探検を始める場所は、その地域の風景(景色)を見渡せる場所がおすすめです。

目に見えている風景をよく観察すると、地域の特徴をつかむことができます。

山や川がどこにあるのか? 高いところ、低いところを観察し、地形の特徴を確認します。

次に、森、緑、空を飛ぶ鳥や川に集まる生き物、水田や畑などを観察し、自然の特徴を考えます。

そして、家や学校、道路、お店などを観察し、地域にどんな人が暮らしているのかを考えます。

風景の特徴をつかんだら、地図やワークシートを持って、気になった場所に探検に向かいましょう。

好きな場所やその場所で気がついたこと(歩きやすい道を整備した方がいいとか、案内の看板があった方がいいとか)などを考えながら地域を探検します。すると、いつも当たり前に見ていた風景から新しい発見があるはずです。

この時に大切なことは、どこから、何を見て、何を感じたのかを地図に記録することです。

風景は眺める場所によって、見え方がかわります。地域の風景を、どこからどのように眺め、その風景を守る方法や活かす方法を考えることが、美しい風景づくりにつながります。

最後に、目には見えない、その風景をつくっている人や時間を想像します。

風景を魅力的にしている田畑や花壇などをつくっている人の活動を読み解いてみましょう。

すると、その地域が長い時間をかけて大切にしてきた暮らしを発見できます。

「景観《けいかん》」を観察し診断しよう

景観とは目に見える「景色・風景・眺め」のことで、簡単に言うとみなさんの地域がどのような見た目をしているかということです。このシートと地図をもって地域を歩くことで、あなたの地域がどのような見た目をしているのかが見えてくるはずです。

1，景観を観察してみましょう（このワークシートと歩く場所の地図を用意してください）

良いと思った景観や、気になる景観の場所を見つけたら、地図上に「どの方角を見ているか」と「地図番号」を書き込み、シートに観察したものを書き込んでみましょう。最後にあなたがその景観をどう感じたか診断シートに書き込んでみましょう。（1枚のシートで診断できるのは1か所です。いい景観をたくさん発見できたら、このシートをコピーして使ってください。）

〇地図の番号（地域の地図に番号を書き込みどこからどの方角を見たか書き込んでおきましょう）

地図番号の例

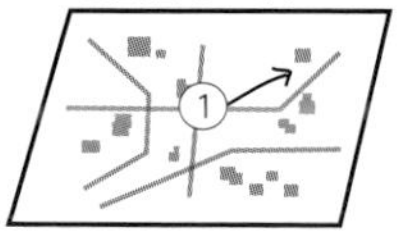

地図番号　　番

1，　　年　　月　　日（　　）時間　　：　　天気　　　歩いた場所

2，地図番号の場所から何が見えたか、見つけたものに〇をつけてみよう

自然に関するもの	・山　・河川　・天然林（自然の森）　・人工林（人が植えた森）　・植物（樹木）　・植物（草花） ・空　・その他（　　　　　　　　　　）
人間の生活に関するもの	・畑　・田んぼ　・果樹園　・家屋　・公共施設　・商店・会社など　・看板　・庭木 ・公共建造物（ガードレール・電柱など）　・砂防ダム・護岸など　・フェンス　・道路 ・その他（　　　　　　　　　　）
文化・歴史に関するもの	・神社　・寺　・道祖神、馬頭観音、石碑、祠（ほこら）、山の神、海の神など ・その他（　　　　　　　　　　）
その他	上記にないもの、わからないものを書き込んでみましょう

3，景観を診断してみましょう

総合的に診断し1、2のどちらであるか診断してみましょう

①　大変良い景観です　　（　）

直すところはありません、このままで十分いい景観です。

理由：

②　少し直せばよくなる景観　（　）

1−2か所直せば大変良い景観になります。

直したい箇所：

生き物の探し方・調べ方（昆虫編）

生き物を探すには、まず相手をよく知ることが大事ですね。昆虫は生き物の中でもっとも種類が多いことで知られています。生活のしかたはそれぞれ違いますから、探す場所によって見つかる種類も変わります。

　樹木や草の上で見つかる昆虫はたくさんいるけれど、虫によって好む植物も違います。丈の低い草原で白いシートを広げ、少し離れたところから近づいてみましょう。草の中からバッタやコオロギの仲間が飛び出してきて、シートの上に乗ります。ススキや丈の高い草原では、バッタだけでなくキリギリスやカマキリの仲間を捕まえることができるでしょう。このように草の高さで観察される種類が違うことがわかります。

昆虫が多くいそうな場所はどこかな？

草原にはどんな昆虫がいるかな？

昆虫の生活に注目しよう

森や林にはどんな昆虫が生活しているのでしょうか。ガの幼虫や小さな甲虫は葉を食べ、セミは幹にとまって樹木の汁を吸っています。コナラやクヌギの樹液にたくさんの虫が集まることは皆さんも知っていますよね？　カブトムシ、クワガタ、カナブンなどの甲虫の仲間、スズメバチやハエの仲間、タテハチョウやジャノメチョウの仲間などバラエティーに富んでいて、時間によってあらわれる種類が違います。

　林の周り（林縁といいます）は、林の中に比べて日当たりが良く、たくさんの草やつる植物が生育していますので、どのような昆虫が棲んでいる

住む場所や何を食べているかを知ろう

昆虫の生活に注目する

か探してみてください。植物の種類が多い場所では昆虫の種類も多いのでしょうか？　たとえば、チョウの幼虫は種類ごとに決まった植物を食べて成長します。ですから、探したいチョウの食べる植物を知っていれば、幼虫を見つけやすくなるはずです。とにかく、じっくり観察してみましょう。草や木の葉の表と裏の両方を探し、草をかき分けて株本やその周囲にも虫がいないか確認してみてください。

昆虫を捕まえて観察しよう

昆虫採集には道具を使う方法もあります。網を振ったり、ネットを広げて棒で木の葉を叩いたりすると、葉の上や裏にいる小さな虫が捕まえられます。落ち葉がたまっている、草が生えている場所の地表で歩行生活しているオサムシの仲間は、地面にコップを埋める「落とし穴方式」で捕まえます。おびき寄せるための餌として、さなぎ粉や粉状の寿司酢を使うこともできます。灯火に集まる昆虫探しは、簡単な採集方法の一つです。山間にある見晴らしの良い場所の外灯、自動販売機やコンビニなどの白や青色の灯火に集まる虫もたくさんいます。この時、外灯の周りの樹木にも虫がついていないか確認しましょう。

産卵場所や昆虫が好きな木を探してみよう

トラップなどを仕掛けて捕まえる方法

じっくり観察してみよう

捕獲したら、色や模様を調べたり、種類の間で顔を比べたり、形と行動の関係を考えたりしてみてください。たくさんのおもしろい発見があるかもしれませんし、それぞれの昆虫がいかに個性的で魅力的であるかわかります。観察をくり返して、たくさんの種類を見分けられるようになれたらいいですね。

ただし、森の中や草むら、やぶの中に入る場合は服装にも注意が必要です。怪我や虫刺されを防ぐためにも恰好は長袖と長ズボンにして、肌を出ださないこと、場合によっては手袋や虫よけスプレーも使ってください。さあ、網と容器、昆虫図鑑をもって野山や田んぼに出かけよう。

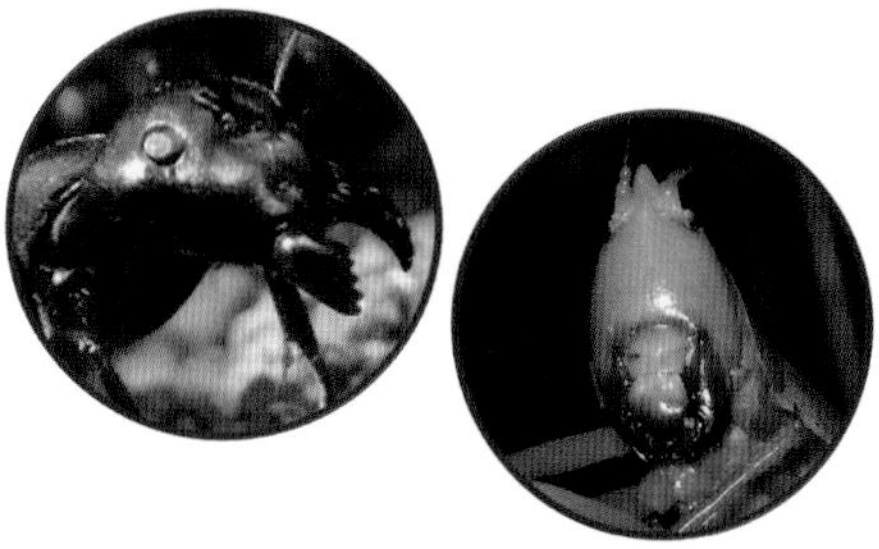

アリとキリギリスの顔

コオニヤンマ

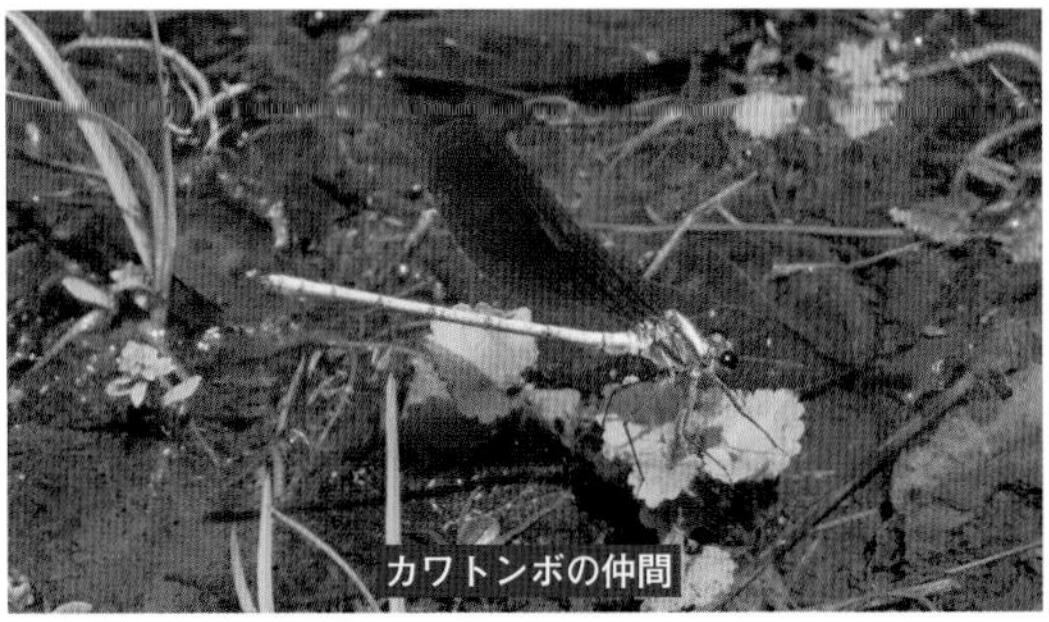

カワトンボの仲間

ヤマサナエ

クロスジギンヤンマ

シオヤトンボ

オオシオカラトンボ雌

いろいろな水辺タイプがある場所ではたくさんのトンボを観察することができる

地域にいる生き物を観察しよう～昆虫編～

みなさんの地域にはどのような生き物がいるのか、身近な場所にすんでいる生き物を探しにでかけましょう。それぞれの生き物によって好きな環境が違います。どんな場所にどんな生き物がいるか、その生き物が好む環境について考えてみましょう。

1，あなたの住んでいる地域で生き物が多いと思う場所はどこですか？そこにはどのような生き物がいると思いますか？

昆虫がいそうな場所	どんな昆虫がいると思うか	なぜそう思うか

2，生き物が多いと思った場所に行って、どのような生き物がいたか調べてみましょう
また、見つけた生き物を観察してみましょう。

昆虫の名前（わかれば）	どのような特徴か（色や形など）	どのような場所にいたか

3，発見した生き物を図鑑で調べてみましょう
観察してきた情報をもとに家にある図鑑やインターネットで生き物の名前や特徴について調べてみましょう

調べて分かったことを書いておきましょう

生き物の探し方・調べ方（水辺の生き物編）

河川や湖沼、水田・水路などの水中や水面、その周りで生活している生き物を水生生物と呼びます。皆さんは、川や池、田んぼなどで生き物を探すことが多いと思いますが、川や水路のように水の流れがある水辺と、田んぼや池のように水の流れのない水辺があります。

田んぼと水路での生き物観察

田んぼや水路にはどのような生き物が棲んでいるのでしょう？　田んぼでは水路を通って水が流れ出ているところや畔の近くの草が生えているところをねらい、網の中に泥をあまり入れないようにすくってみてください。オタマジャクシやタニシ、ヤゴやゲンゴロウ、アメンボなどたくさんの生き物が入るかもしれません。田んぼだけでなく、周りにある水路や水溜まりでは、ドジョウやタモロコなど淡水に棲む魚も探してみてください。田んぼとは違った生き物を発見できるはずです。でも田んぼで生き物探しをするときは、農家さんがお米を作る大切な場所であることを忘れないでくださいね。

田んぼと言えば、カエルを思い出す人がいるかもしれませんが、産卵する時期は種類によって違いますし、オタマジャクシが成長しカエルになった後に水辺から離れる種類と離れない種類がいます。アカガエルの仲間は田んぼに水が張られていない春の早い時期に水たまりで産卵します。ニホンアマガエルやシュレーゲルアオガエルは田植えの後の田んぼで産卵します。ツチガエルやトノサマガエル、ダルマガエルの仲間は水辺の近くで生活を続けることが多いですが、シュレーゲルアオガエルや

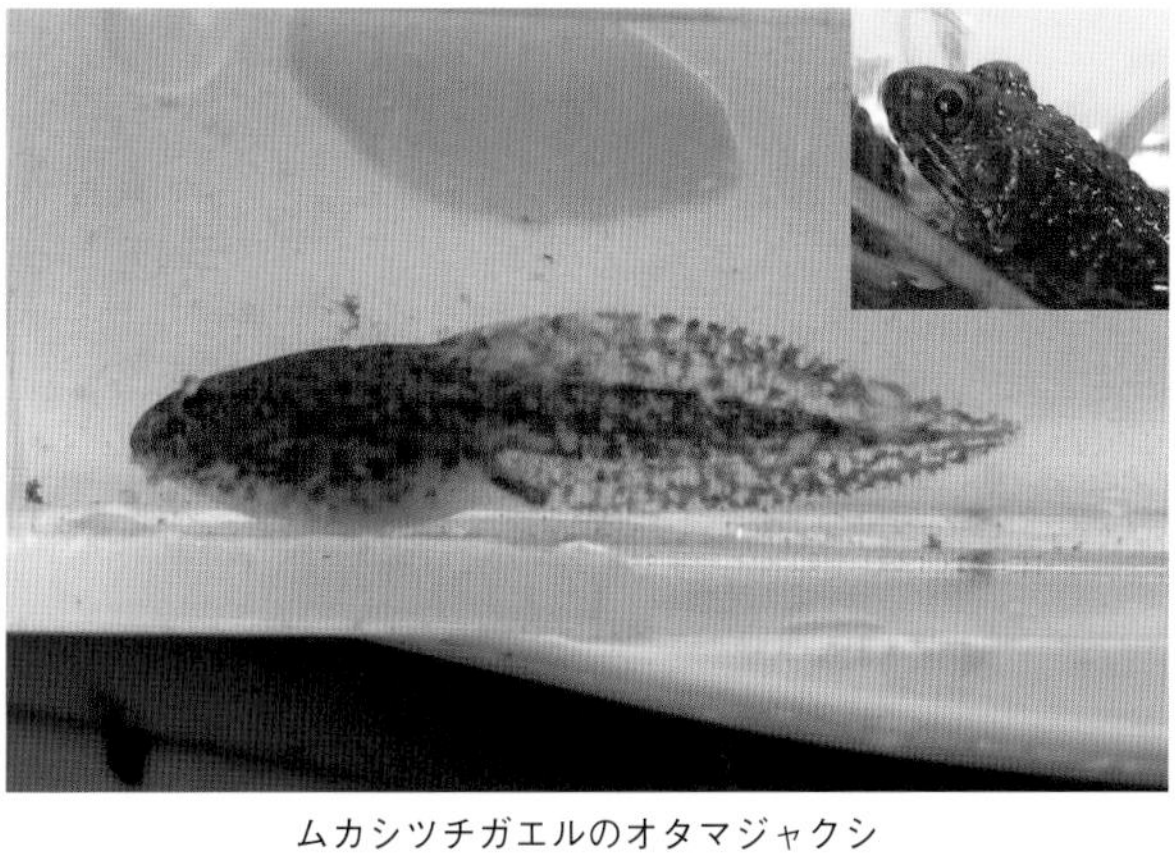

ムカシツチガエルのオタマジャクシ

ヤマアカガエルの卵とニホンアカガエル

トウキョウサンショウウオは水辺から離れます。田んぼは人が作った環境ですが、その周りにはいろいろな水辺があり、草地や樹林地もあるので、たくさんの生き物が棲んでいるのです。

トウキョウダルマガエル

シュレーゲルアオガエル（上）ニホンアマガエル（下）

トウキョウサンショウウオ

田んぼ周辺ではいろいろなカエルを観察することができる

川での生き物観察

山から湧き出た水は、集まって川になります。山に近い上流から下流、そして海に近い河口というように場所によって川の様子が違っていて、観察される魚の種類も変わります。川の上流は浅くて流れが早いところが多く、イワナやヤマメのような釣りの対象として人気のある種類が棲んでいます。中流になると深い場所や流れの緩やかなところが多く出てきて、そのような環境が好きな魚の種類も増えてきます。川や水路では魚だけでなく小さな生き物もたくさん観察できます。カワトンボの仲間のように流れのある水環境に産卵するトンボ類、中流域から下流域で流れが緩やかな場所や水草の多い場所、川の脇にある水溜まりでは小型のエビ類や

イモリ

どのような環境に生き物がいるか観察しよう

アメンボ類、河口近くのアシ原や砂や泥がたまっている場所ではカニ類を見ることができます。川岸の石の裏や落ち葉の中にも変わった生き物がいるかもしれません。水の中の生き物を網で捕まえる時は、奥から岸に向かって網を引き寄せる、または網をあてた状態で岸辺の水草を踏んだり、石をひっくり返したりして、隠れている生き物を追い出します。

川にも多くの生き物がいる

水辺で観察するときの注意

注意してほしいことがいくつかあります。一つは、危険な川や池には近づかないようにして、大人や友達と一緒に観察をすること、そして捕まえた生き物を観察するときは、たくさんの生き物を同じ容器にいれないこと、生き物を容器に入れたまま日向に放っておかないことです。また生き物は互いにつながっていますから、例えばヤゴと同じ容器に入れたオタマジャクシは食べられてしまいます。

水辺に行く際は大人と一緒に行動しよう

観察後は元いた場所にかえしてあげよう

地域にいる生き物を観察しよう
～水辺の生きもの編～

みなさんの地域にはどのような生き物がいるのか、身近な場所にすんでいる生き物を探しにでかけましょう。それぞれの生き物によって好きな環境が違います。どんな場所にどんな生き物がいるか、その生き物が好む環境について考えてみましょう。

1，あなたの住んでいる地域で水辺がある場所はどこですか？　そこにはどのような生き物がいると思いますか？

水辺で生き物がいそうな場所	どんな生き物がいると思うか	なぜそう思うか

2，生き物が多いと思った場所に行って、どのような生き物がいたか調べてみましょう
また、見つけた生き物を観察してみましょう。

生き物の名前（わかれば）	どのような特徴か（色や形など）	どのような場所にいたか

3，発見した生き物を図鑑で調べてみましょう
観察してきた情報をもとに家にある図鑑やインターネットで生き物の名前や特徴について調べてみましょう

調べて分かったことを書いておきましょう

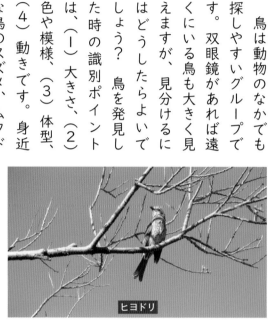

生き物の探し方、調べ方（鳥類編）

鳥は動物のなかでも探しやすいグループです。双眼鏡があれば遠くにいる鳥も大きく見えますが、見分けるにはどうしたらよいでしょう？ 鳥を発見した時の識別ポイントは、（1）大きさ、（2）色や模様、（3）体型、（4）動きです。身近な鳥のスズメ、ムクドリ、ハト、カラスは「ものさし鳥」とも呼ばれます。それらの大きさを知っていれば、皆さんが観察した鳥を「スズメよりちょっと大きい」とか「カラスと同じくらい」と表現することができますね。そして、背（翼）や腹、嘴など体の色や模様にも目を向けます。この時にアイリング（眼の周りが白い）や羽に白い紋がある、眼の部分に黒い線があるなど、細かい特徴も記憶・記録できれば後で名前が調べやすくなります。もし野鳥の撮影に適したカメラがあるなら、写真を撮っておくとよいでしょう。また特徴的な行動を見せる種類もいます。飛び方でよく知られているのはヒヨドリが波のように上下しながら飛ぶ、カワセミや猛禽類が空中で静止する（ホバリング）などです。とまっている時の尾を振る動作でも、円を描くように振るモズ、いそがしく上下に振るセキレイ類、おじぎをしながら振るジョウビタキなど、種類ごとの違いがわかると、いっそう面白味を感じるでしょう。

「ものさし鳥」とよばれるスズメ

波のように上下しながら飛ぶヒヨドリ

鳥の調べ方

鳥の調べ方では、姿が見えなくても鳴き声で種類を聞きわけることができます。子育ての時期の鳴き声を「さえずり」といいますが、種類によって特徴がありますから、身近な種類から覚えていくとよいでしょう。さえずりを人の言葉に置き換えて表現しますが、これを「聞きなし」といいます。ウグイスの「ホーホケキョ」、コジュケイの

「チョットコイ」は、まさにそう聞こえると思います。

　鳥を見つけたら、名前を調べることも大切ですが、どんな場所でどんな生活をしているかということにも目を向けてください。雑木林など林の中（シジュウカラ、ヤマガラ、コゲラ）、畑や家の庭など開けた環境（ツバメ、スズメ、キジバト、カワラヒワ）、草地や林の周囲（ホオジロ、モズ、ヒバリ）、水辺（カモ類やサギ類）や街中（ムクドリやハシブトガラス）など、鳥たちは生活に適した場所で暮らしています。田んぼ、川、池や干潟などの水辺は見通しがよく観察しやすい場所ですから、鳥たちが餌をとったり、休息したりする行動をじっくり見ることができます。サギ類やカモ類は、何を食べているのでしょう？　鳴き声や飛びに特徴がある？　寒い時はどうしている？　鳥が騒いでいるのはなぜ？　など、「鳥を知る」ための観察ポイントはたくさんあります。冬の雑木林も木々が落葉するのでバードウォッチングはしやすくなります。たくさんの種類が現れますが、シジュウカラ、ヤマガラ、エナガなどのカラ類、コゲラやメジロなどいろいろな種類の小鳥が混じって群れを作ります。木の上だけでなく、地面にも注意してください。ガサッガサッと林の中から音が聞こえませんか？　シロハラやキジバトが落ち葉をひっくり返して餌を探しています。

カワウ

カワラヒワ

カモとハクチョウの仲間

エサや住む場所、さえずりに注目してみよう

季節も意識しよう

　季節によって出会える鳥は変わります。子育てのために日本にやって来て春から秋に見られる夏鳥、秋ごろ来て日本で冬を過ごし、春にまた北へ

帰っていく冬鳥、休憩地として日本に立ち寄る旅鳥もいます。一年を通して調べてみると、みなさんの地域の森や水辺にたくさんの野鳥が棲んでいることがわかるはずです。

アオジ

ホオジロ

キンクロハジロ

イソヒヨドリ

ウミネコ

シロハラ

シジュウカラ

モズ

サシバ

ダイサギ

地域にいる生き物を観察しよう～鳥類編～

みなさんの地域にはどのような生き物がいるのか、身近な場所にすんでいる生き物を探しにでかけましょう。それぞれの生き物によって好きな環境が違います。どんな場所にどんな生き物がいるか、その生き物が好む環境について考えてみましょう。

1，あなたの住んでいる地域で生き物が多いと思う場所はどこですか？そこにはどのような生き物がいると思いますか？

鳥がいそうな場所	どんな鳥がいると思うか	なぜそう思うか

2，生き物が多いと思った場所に行って、どのような生き物がいたか調べてみましょう
また、見つけた生き物を観察してみましょう。

鳥の名前（わかれば）	どのような特徴か（色や形など）	どのような場所にいたか

3，発見した生き物を図鑑で調べてみましょう
観察してきた情報をもとに家にある図鑑やインターネットで生き物の名前や特徴について調べてみましょう

調べて分かったことを書いておきましょう

生き物の探し方・調べ方（動物編）

「哺乳類」と言ったら、皆さんはどのような動物を思い浮かべるでしょうか。イヌやネコならよく見かけるけれど、野生の動物は警戒心が強く、夜間に活動する場合もあるので、姿を見るのは難しいですね。ここでは地域にどのような動物が棲んでいるかを調べる方法を紹介しましょう。

動物の姿をみることはできる？

自然度が高くて数多くの動物が棲んでいるような地域であれば、林道や農地において、日中ではニホンザルやカモシカ、シカ、アナグマ、夜間ではシカやイノシシ、タヌキ、キツネなどに出会えるでしょう。また近くに鎮守の森があるならムササビが棲んでいる可能性があります。日の入りにあわせて見張っていれば、ねぐらから出てきたムササビの姿や滑空を見ることができるかもしれません。

都会やその近くで観察できる動物もいます。アブラ（イエ）コウモリは、姿を見るチャンスが高い動物です。コウモリの多くは、虫をとらえるために、超音波を出しながら飛び回っています。日が落ちて薄暗くなると街灯近くを音もたてずにヒラヒラ飛んでいるのですが、気が付かない人も多いようです。河川や池などの水辺、グラウンドや田んぼ、畑は観察しやすいポイントです。住宅地から里山まで生活しているタヌキとハクビシンも遭遇しやすい動物です。ハクビシンは夜行性で木登りが上手です。家に住み着いたり、畑を荒らしたりするので害獣として扱われることもあります。昔話にもしばしば登場し親しみのあるタヌキも夜間歩く姿を見

ニホンカモシカ

ニホンアナグマ

動物たちの生活を想像しよう

かけます。雑食性で、共同のトイレでもある「ため糞（場）」を持っています。住宅地であっても近くに川があって河川敷に降りることができるなら、ため糞が見つかるかもしれません。

イノシシのヌタ場（泥浴び場）と糞

動物の落とし物（フィールドサイン）

動物の糞、足跡、食べ痕や爪痕、巣やモグラの塚などを見つけたことはありますか？　このような動物の残した痕（跡）のことをフィールドサインと言いますが、動物それぞれに特徴があるので、名前当てに挑戦してはどうでしょう。インターネットでは、動物の足跡や糞の見分け方を掲載しているサイトがたくさんあります。野外において自分でサインを発見したいと思ったときは、見分け方が載っている資料とカメラ、地図を持っていきましょう。どこを探したらよいかというと、例えば足跡であれば、残りやすい場所を考えてみてください。塗り固められ

足跡なども観察してみよう

フィールドに残された痕跡を探そう

た後の田んぼの畔や林道の溜水近くにできる泥地、河川敷の砂地などは良いポイントとなります。野外で動物らしきサインを見つけたら写真を撮っておきましょう。そして見つけた場所を地図に記録すれば、動物たちがどんな場所で生活しているか理解できるようになります。

無人撮影カメラによる動物の撮影

センサーカメラを使えば、動物の写真や動画を撮影することができ、その記録から動物が活動していた時間もわかります。カメラを仕掛ける場所について、山中の林道や橋は私たちと同じように動物たちも通過しますし、河川敷も動物たちがよく利用する環境です。でもカメラに「動物調査中」の説明を付けるなど、カメラに気が付いた人がびっくりしないようにしてくださいね。

センサーカメラがあれば動物たちの行動を見ることができる

センサーカメラ

地域にいる生き物を観察しよう～動物編～

みなさんの地域にはどのような生き物がいるのか、身近な場所にすんでいる生き物を探しにでかけましょう。それぞれの生き物によって好きな環境が違います。どんな場所にどんな生き物がいるか、その生き物が好む環境について考えてみましょう。

1，あなたの住んでいる地域で水辺がある場所はどこですか？　そこにはどのような生き物がいると思いますか？

動物がいそうな場所	どんな動物がいると思うか	なぜそう思うか

2，生き物が多いと思った場所に行って、どのような生き物がいたか調べてみましょう
　また、見つけた生き物を観察してみましょう。

動物の名前（わかれば）	どのような特徴か（色や形など）	どのような場所にいたか

3，発見した生き物を図鑑で調べてみましょう
観察してきた情報をもとに家にある図鑑やインターネットで生き物の名前や特徴について調べてみましょう

調べて分かったことを書いておきましょう

生き物の探し方・調べ方（植物編）

植物と聞いて何を思い浮かべるでしょうか？木や草を思い浮かべる人もいるかもしれません。シダやコケを思い浮かべる人もいるかもしれません。普段歩き慣れた道でも、ちょっと立ち止まって上を見上げたり、しゃがんでコンクリートのすきまに注目してみたりすると、そこには様々な植物たちがいることに気づきます。ここでは木と草に着目して植物の調べ方について学びましょう。

植物の形態に注目してみよう

普段歩き慣れた道に生育している植物の形態に注目してみましょう。例えば木の高さに注目してみましょう。クスノキのように十m以上の高さになる木もあれば、アオキのように数m程度の高さになると枯れてしまう木もあります。木の葉にも注目してみましょう。スギやアカマツのように針のような葉を持つ木や、ケヤキやコナラのように幅広の葉を持つ木もあります。またタブノキのように冬でも葉をつけている木もあれば、ケヤキのように冬に葉を落とす木もあります。また木だけでなく草にも注目してみま

クスノキ

アオキ

ススキ

スギ

シロツメクサ

しょう。例えば葉に注目すると、ススキやツルボのように葉が細く葉脈が平行な草もあれば、シロツメクサやホトケノザのようにそうでない葉もあります。慣れてきたらもっと詳しく見てみましょう。どのような花が咲くか、どのような実をつけるかなどにも注目してみましょう。

季節の変化に注目してみよう

同じ道でも四季を通して植物たちは様々な姿を見せてくれます。その変化を観察してみましょう。冬の寒い間に葉を落としている木の枝を見てみましょう。冬芽をつけて春に芽吹くための準備をしています。木の種類ごとに冬芽の形が違う様子を観察することができます。春になると多くの草木が花を咲かせます。いつも観察している草木がどのような花を咲かせるのか観察してみましょう。

また春には草木が日々ぐんぐんと成長するのでその様子を観察してみましょう。草刈りがされた後の公園でその後の変化を観察するとおもしろいです。秋になると木々の紅葉が見られます。木の種類ごとにどのように葉が色づいていくか観察してみましょう。

紅葉する植物もあればしない植物もある

冬に芽を落とす植物もあれば落とさない植物もある

場所の違いに注目してみよう

いつもの歩き慣れた道から少し離れて様々な場所で植物を観察してみましょう。公園の日当たりのいい場所や日当たりの悪い場所、神社の境内、田んぼや畑に生育する植物を観察してみましょう。場所によって様々な植物に出会うことができます。

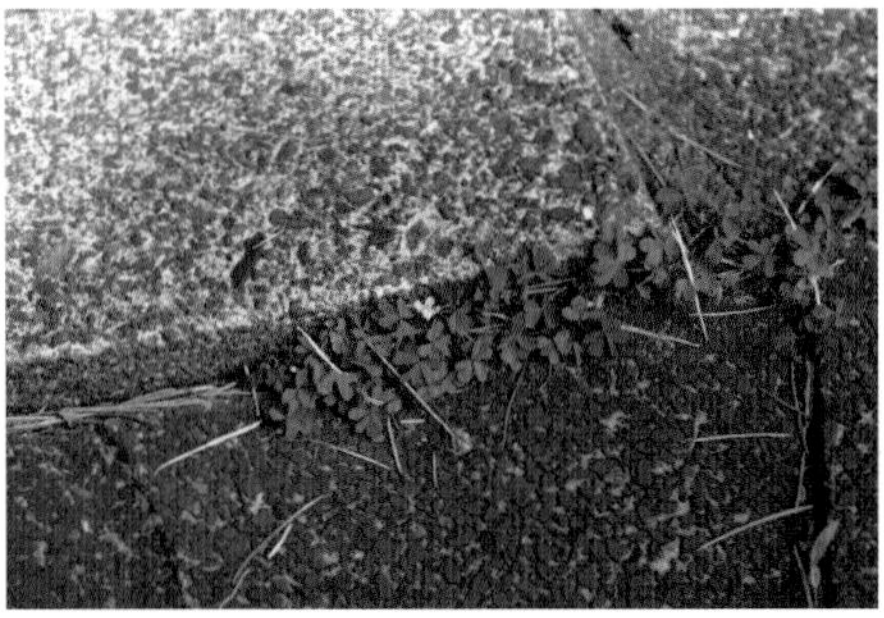

コンクリートのすき間にも植物が生育している

また夏休みや冬休みに遠出をする機会があったら、ぜひそこでも植物の観察をしてみましょう。いつも暮らしているところより、寒いところや暖かいところでは見たことのない植物に出会えるかもしれません。

農道にもさまざまな植物がみられる

植物の名前を覚えてみよう

今まで説明をしてきた観察をしたら、植物の名前を知りたくなるかもしれません。そうしたら学校や地域の図書館で図鑑を借りてみましょう。日本に生育する植物を網羅した図鑑や、葉や冬芽に着目した図鑑、特定の地域や特定の植物のグループに着目した図鑑など、様々な図鑑があります。図鑑にある写真や絵と見比べながら植物の名前を覚えてみましょう。また植物の名前の由来について調べるのもおもしろいです。

もっと植物のことを詳しく知ろう

もっと植物のことを知りたくなったら、地域の博物館の体験イベントや植物観察会に参加してみましょう。植物のことが好きな友達ができて、一緒に植物のことを学べるようになるかもしれません。またおじいさんやおばあさん、地域の年配の方に子どものときに植物でどのような遊びをしたか、暮らしの中で植物をどのように利用したかを聞いてみましょう。長い時間をかけて培われてきた植物と人とのかかわりについて知ることができると思います。

植物をじっくり観察してみよう

地域に生育している植物を観察しよう

みなさんの地域にどのような植物が生育しているか観察してみましょう。地域の中でも場所によってさまざまな植物が生育しています。どのような場所にどのような植物が生育しているか、どうしてその植物がその場所で生育しているか考えてみましょう。

1，日にち：　　　年　　月　　日（　）天気：　　　　　　観察場所：

2，様々な植物を観察できる場所はどこか、思いつく場所を書いてみましょう

植物の種数が多いと思う場所	どんな植物が生育していると思うか	なぜそう思うか

3，実際に、植物を観察してみましょう

植物の名前（わかれば）	どのような植物か（木の形、葉の形など）	どのような場所で見つけたか（日当たり、水、土、周りの植物など）	気づいたこと

3，発見した植物を図鑑で調べてみましょう

観察してきた情報をもとに、家にある図鑑やインターネットで発見した植物の名前や特徴について調べてみましょう

調べて分かったことを書いておきましょう

土の探し方・調べ方

みなさんの足元をみてください。そこには、地球の表面をおおう「土＝土壌」があります。さてその土壌は、何によってできているでしょうか。

土壌は岩石、鉱物、火山灰などの無機物と生物などの死骸の有機物が、風や雨などの影響を受けてつくられます。そのため、土壌は生物がいるところでしかできないと考えられており、地球特有の資源でもあります。その土壌は、地球の陸地の表面に、数㎝～数ｍほどの薄さで広がっています。土壌をほった際にいくつかの層に区別することができます。表面には、ふかふかした土壌の層があり、そこにはたくさんの生物がすんでいますし、植物にとっての栄養も多くあります。しかし、表面の土壌だけではなく、深くにある粘土のような土壌の層も重要で、そこに水がくわえられ、ゆっくり流れ、最終的には川へと水が移動します。土壌は、地球の皮膚ともいわれ、地球の循環の基盤であり、生物が生まれる場所であり、死んでもどる場所でもあります。

土壌がどのように
なっているのか調べよう

土壌の役割

さて、その土壌は私たちの生活にどの様な役割を果たしているでしょうか。私たちは、土壌のなかやうえで育った植物、その植物を食べて育つ動物を食糧としています。また、植物がつくる酸素を吸い、土壌がためこむ雨水がゆっくり川に流れることによって淡水を飲むことができています。つまり、土壌なしで人間が生きていくことは難しいでしょう。そして、この土壌は百年かけて一㎝程度しかできないといわれています。土壌は、地球に生きる生物や自然の動きのなかでゆっくりできていくものであり、

畑の土壌

土壌の役割について調べよう

一度失われてしまうともう一度できるまでにたくさんの時間がかかります。土壌は時間をかけてできる貴重な資源でもあるのです。

土壌の調べ方

次に、土壌の調べ方についてです。まずは土壌の上につもっている落ち葉を観察してみましょう。「一番上」のつもっている落ち葉と「土壌の表面近く」にある落ち葉の色や形、においを比べてみてください。どうでしょうか。下の落ち葉になるほど、形は小さく、細かくなっており、においは土壌のような香りがしていませんか。これは、落ち葉がたくさんの生物などによって分解されているため、形が細かくなっています。また、分解の過程ででる香りがあります。落ち葉を観察してみると、落ち葉が分解され、この落ち葉が、土壌のもとになることが理解できるかと思います。次に、シャベルをもって、土壌を十㎝ほど掘ってみてください。その掘った穴の断面をみてください。上はつぶつぶした土壌があると思います。しかし、穴の断面は下にいくほどつぶつぶが少なくなっていませんか。土壌の表面では、生物が動くことや植物の根によって、土壌のなかにつぶつぶができます。このつぶつぶがあることで、水が蓄えられ、植物が根をはり土壌から栄養をとることができます。下に行くほど、つぶつぶは少なくなりますが、この層も水をたくわえるうえでは重要な役割をもっています。

いろいろな土壌を見てみよう

土壌は場所によって様々な色や形をしています。日本の森林、畑、田んぼや世界の様々な土壌をみてほしいなと思います。また、そこに暮らす人々は土壌とどのように向き合っているでしょうか。自然と共生するゆたかな未来のためにも、土壌に目をむけてみてください。

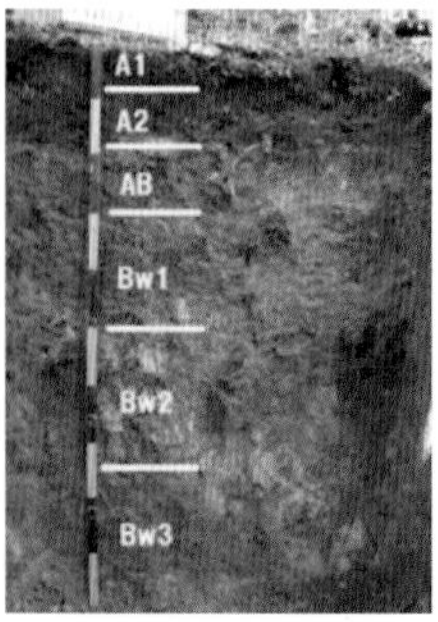

土壌の調査風景

穴を掘って土壌を観察しよう

身近な土を観察してみよう

みんなの地域の土はどのような土か観察してみましょう。地域の中でも場所によって土の見た目が違うはずです。色々な地域に行き、違いを観察し、なぜそのような土なのか考えてみましょう。

1，身近な土がある場所はどんな所か書いてみましょう。

土が多いと思う場所	どんな土があると思うか	なぜそう思うか

2，土があるところに行き、以下の手順で観察してみましょう

（1）土壌の上にあるものを観察してみよう

（2）落ち葉が積もっている場合は、上の方のものと下のものにどのような違いがあるかにおいや見た目など観察してみよう

（3）シャベルで 10 ㎝ほど掘り、穴の断面を観察してみよう

調べた場所	土の上にあるもの	落ち葉の観察	気づいたこと（断面、色、触り心地など）

3，土を調べてみて感じたこと、気づいたことを書いてみよう。

第3章

昔の地域にタイムトラベルしてみよう！

地図や本から読み解く昔の地域、地域の歴史を調べてみよう

地図は記録と記憶

どこか知らない地域に行く時、地図はとても役に立ちます。最近はスマートフォンなどに地図のアプリが入っていて、自分がいる場所がわかるなどより便利になっていると思います。

地図からわかるのは目的の場所だけではありません。地図記号などによって私たちが住んでいる地域の特色などもわかります。工場が多いなとか、果樹園があるんだ、とかね。地図はそのような道具ではあるけれど、同時に「記録」と「記憶」の集積でもあります。地図から地域の歴史などがわかるんです。

たとえば、自分の住んでいる街の商店街を思い浮かべてください。最近になって新しくオープンしたお店はありませんか？　あるとすると、そのお店の前は何のお店だったか思い出せますか？　さらにその前のお店は覚えていますか？

覚えているお店もあれば、忘れてしまったお店もあると思います。地図にもいろいろな種類がありますが、そのようなことを記した地図や本もあります。ガイドブックなどがその一例ですね。

多くの地図やガイドブックは毎年新しいものになっていきます。きっと近所の本屋さんに行くと最新版の今年の年号が書かれたものが並んでいるはずです。ただ大きな図書館や国土地理院のサイトを見ると古いガイドブックや昔の地図を見ることができます。そこには私たちが生まれる前の記録だって記されています。

そのようなものを見ると、このお店の前はこんなお店だったんだ、と忘れてしまっていた記憶が呼び戻されます。地図は今を知るだけのものではないわけです。

今の地図から昔を知る

川の近くに池がある地域もあります。たとえば東京都にある「浮間ヶ池」がそうです。荒川の本当にお隣にある池なのですが、昔は池ではなく荒川でした。浮間ヶ池なんてなかったのです。浮間ヶ池ができる前の荒川はとても蛇行していて氾濫を繰り返していました。なんせ名前が「荒川」です

から、荒れる川だったわけです。当時の人々が氾濫で苦労していたことがわかります。

そこで氾濫が起こらないように荒川の直進下の工事が行われました。蛇行していた荒川をまっすぐにする工事です。そして築堤によって浮間ヶ池が生まれました。今までは川だった部分が池になったのです。

なんでこんなところに池があるんだろう、と疑問に思ったら地図を見てください。古い地図と今の地図を見比べると一目瞭然ですし、たくさん見ていると今の地図だけでもなんとなく想像がつくようになります。

東京都にある浮間公園

浮間公園にある浮間ヶ池

特に「浮間ヶ池」は名前に「浮」という文字が使われているので、中洲のような場所だったのではないか、と予想できます。つまり自分が住んでいる地域の名前の由来なども地図を見るとわかるわけです。もちろん地形が由来ではない名前もあるので、全てが地図でわかるわけではないですが、ヒントにはなります。

このように地図は今を知ることができ、昔を知ることもできる、記録と記憶のアイテムなのです。

隣を荒川が流れている

地名に昔の痕跡が残っている

今でも残っている場所を探してみよう

名前だけ残っている?

地図は見るだけのものではありません。そこに書き込んでいくことで自分だけの地図が誕生します。書き込むことはどんなことでもかまいません。大きな木のある神社や、よく猫がいる場所とか、変な形の木が生えているとか。目に見えない「いい匂いがする」とか、冬になると星空が見やすいとか季節に関わることでもいいでしょう。あなたがたくさんの地域の魅力を見つけることで、その地域の特徴が見えてきます。

たとえば、関東は特にだと思いますが「富士見坂」という名前の坂をよく見かけます。富士山が見えることから名付けられたものです。その坂を歩いてみると本当に富士山は見えるでしょうか?実は見えないことも結構あるんです。昔は高い建物がなくて見えたのかもしれませんが、今は遮るものがあって見えないんです。

いま名前をつけるとしたら

では、いまその坂に名前をつけるならなんとつけるといいと思いますか? 坂の周りにあるものや、そこから見えるものの名前をつけることになるでしょう。富士見坂もそのようにしてつけられた名前だからです。そのためには坂の調査をしなければいけません。

地図を片手に坂を上ったり、下ったり、その周りを歩いてその坂だけの特徴を探します。その時に大切なのがマッピングです。簡単に言えば最初に書いたように地図に書き込むわけです。気がついたことを書き込みましょう。神社があるとか、なんとかというマンションが見えるとか。

今は富士山が見えない東京の富士見坂

そうすることで坂の特徴が見えてきて、やがて最適な坂の名前が見つかるはずです。坂だけではなく、街全体をそのように書き込んでいけば、その街の特徴も見えてくるわけです。自分だけの地図を作るのは地域を知るための最初の一歩です。

地域の魅力発見をしてみよう

みなさんの地域を歩いて素敵だなと思うものを発見し、観察してみましょう。見つけたものは地域の地図に書き込んでみましょう。素敵なものをたくさん発見し、より地域のことを好きになりましょう。また自分の好きなところを友達と共有し、地域に対する理解を深めましょう。

1，あなたの地域を歩いて素敵だなと思うものを見つけ、地図に番号をつけて書き込んでみましょう
（このワークには地域の地図が必要です）

2，発見した素敵なものがどのようなものか教えてください

地図番号	あなたのつけた名前	どのようなものか	なぜ素敵だと思ったか

3，素敵なものをみんなで発表し、みんなの見つけた素敵なものを共有しましょう
他の人の発表を聞いて思ったことを書いておきましょう

地域の記憶や思い出を地域の人に聞いてみよう

体験できないことを体験する

地域を知るためには「歩く、見る、聞く」の三つが大切なポイントです。まずは自分の足で歩き、自分の目で見てみましょう。ただ現在ではなくなってしまい自分の目で見ることが難しくなったものもたくさんあります。風習もそうですし、お祭りもそうです、建物も今では目にすることができないものもあります。そんな時は「聞く」です。その時のことを知っている人たちに聞けばいいわけです。

お話を聞くのはおもしろいものです。なぜなら情報だけではなく、多くの場合、話し手の思い出話も一緒に聞くことができるからです。自分ができなかった体験を聞くことで体験したような気持ちになれます。

タイムトラベルした気分になる

たとえば、情報だけでは「ある神社で毎年十一月にお祭りがあり夜神楽が行われる」となります。ただ地元の方にお話を聞けば、毎年そのお祭りが楽しみで、山の向こうの村から歩いてやってくる人もいた。何里も歩くことになるからそのような人は替えの草鞋を持ってきていた。そのぐらい賑わいのあるお祭りだから、ゆっくり行くと夜神楽を見る席がなくて、後ろの方から見るしかないから少し早めにいくんだよ、などと話してくれます。

自分はその場にいなかったのに、だんだんとお祭りに参加した気持ちになってきませんか？　どんなお祭りだったか頭の中にとても鮮明に浮かんでくるはずです。だからこそお話を聞くことは大切です。情報と体験が一緒になることで、より地域のことを知ることができるわけです。

地域の人に話を聞いてみよう

質問名人になるために。
―インタビューのコツ―

きちんと調べてから

誰かにお話を聞きに行くときはコツのようなものがあります。注意していただきたいのは、お話の内容や聞く相手、聞く理由などによって様々な方法があることは覚えておいてください。これからここに書くことは、基本的なことです。例外もないわけではないですが、基本はどんな時にも役に立つので、ぜひ読んでみてください。

一番大切なことはきちんと調べてからお話を聞きに行くことです。何も調べずに聞きに行くのはダメなことです。何を聞けばいいかわからないですし、お話を聞く時間にも限りがあります。限りある時間を有効に使うにはまず調べることです。そうすることで事前に調べていたことではわからなかったことを聞くことができます。

お話を録音できるICレコーダーがあると便利

スマートフォンやカメラも持っていきましょう

たとえば、自分が住んでいる地域の風習について聞きに行くとします。まずは図書館に行って地域の風習が書いてある本を読みます。できれば一冊ではなくて何冊か読む方がいいでしょう。時代や書いた人の解釈などで違いがあるかもしれないからです。さらにお友達や親戚などに詳しい人がいれば聞きに行くのもいいと思います。知らない人にいきなりお話を聞くより緊張しないはずですから、練習にもなりますし、本では知ることのできなかったお話があるかもしれません。

聞いたことを書き出す

次に自分が疑問に思ったこと、本でわかったこと、わからなかったことをノートに書き出します。きっといろいろ出てくるはずです。それを元に質問事項を考えます。いつまでその風習はあったのか、それは楽しかったのか、その風習についてどう思うのかなどです。事前に調べていなければできなかった質問事項です。どんな風習があったんですか？　と質問するよりも時間も短縮できますし、もっと深いお話を聞くことができるはずです。

ここまで終われば次はいよいよお話を聞きに行きます。ポイントは事前に調べているからと言ってあまり話さないことです。基本的には相手のお話を聞く時間です。もちろん返事はしますし、質問もします。ただ調べたことを発表する場ではないので、相手のお話をじっくり聞いて返事をして、疑問に思ったことを質問していきます。事前に考えた質問だけではダメですし、わからないことは素直に聞くことも大切です。これがなかなか難しいことです。

本やネットで調べてから行きました

大切なことはとにかくたくさんいろいろな人にお話を聞くことです。いま書いたことは基本的なコツですが、何度も何度もお話を聞いたりする機会を作らなければ上手くはなりません。ポイントはとにかくめげずに何度もお話を聞く機会を作ることです。

するとだんだんとコツがわかり上手くなっていきます。でも、事前に調べるということは変わりありません。むしろお話を聞く機会が増えていけば、事前に調べることが増えていくと思います。こういうことも調べておいた方がいいな、と。

インタビューは、どんなに上手くなってもゴールはないと思うので、どんどんお話を聞きに行きましょう。

住んでいる場所の思い出を聞いてみよう

街にはそれぞれ歴史があります。それはその地域が持つ大切な思い出です。住んでいる場所の思い出や出来事を大人の人に聞いて調べてみましょう。

1，どこに住んでいたか、どんな思い出があるか聞いてみよう

住んでいた場所（市町村まで聞こう）
どのような思い出があるか（何年ごろの話かも聞いて書いておこう）

2，お祭りや昔の遊び、郷土料理があるか聞いてみよう

お祭り	昔の遊び	郷土料理

3，あなたの住んでいる地域のお祭りや郷土料理と比較しよう

お祭り	昔の遊び	郷土料理

昔からあるお祭りや慣習を調べてみよう

地域性が出る

お祭りや慣習は面白いもので地域によって様々な違いがあります。違いだけではなく、そもそもそのような慣習がない地域もあります。たとえば毎年十一月の酉の日に行われ縁起熊手を買う「酉の市」は関東を中心としたお祭りで他の地域ではあまり聞きません。

同じ神様でも同じじゃない

鹿児島と宮崎の一部に「田の神さぁ（たのかんさぁ）」というものがあります。田んぼの神様を祀ったもので、田んぼの脇でよく見かけます。田の神様は稲作の豊穣をもたらす神様です。田の神信仰は全国的にあるものですが、地域によって様々な違いがあります。

たとえば、石川県の能登では「あえのこと」という田の神様のお祭りがあります。姿のない田の神様を農家の人がまるでそこにいるように振る舞い家に向かい入れて、食事をしてもらったり、お風呂に入ってもらったりします。毎年十二月と二月に行われるもので、十二月は田の神様にその年の疲れを癒してもらい、二月は今年もよろしくとお願いします。つまり一年中、田の神様は田んぼにいるわけではないですし、形もないわけです。ちなみに十二月のお祭りの後、田の神様は農家の納戸で過ごすそうです。

一方で鹿児島と宮崎の一部の「田の神さぁ（たのかんさぁ）」は形があり一年中田んぼにいます。石で作られており、いくつかの形がありますが、メシゲ（しゃもじ）とすりこぎを持っていることもあります。ある地域では形がなく、ある地域では形を持っているわけです。

このようなことが田の神様に限らず日本全国にあります。この地域では普通のことが違う地域では普通ではないのです。そのようなことを知るのは地域を理解するために必要なことです。

田の神さぁ（たのかんさぁ）

50年前の地域に行ったら何をする?

タイムトラベルはできる!

タイムトラベルしてみたい! とは誰もが考えたことがあるはずです。未来に行くのもいいですし、過去に行くのも楽しいかもしれません。実は過去へのタイムトラベルは簡単にできるんです。古い地図や自分の住んでいる地域の古い写真が載っている本があればできてしまいます。

五十年前の地図を見ながら、今はここは病院だけれど昔は丘で何もなかったんだとか、あの角のパン屋さんは五十年前にすでにあったんだとか、いろいろな発見があると思います。地図で確認して、さらに古い写真を見ているとだんだんとタイムトラベルしたような気持ちになってきます。

過去を知ると未来が見える

もし本当に五十年前に行ったら何をしたいかを考えてみます。まずはいま自分が住んでいる場所を訪ねるのはどうでしょうか。これも地図でわかります。地域によっては五十年前は海だったんだ、山だったんだ、ということもあるかもしれません。

また今は衛星写真を誰でも見ることができるサービスもあります。衛星写真は決まった周期で決まったアングルで写真を撮るので、見比べるとより鮮明に今と昔の違いを知ることができます。

もちろん五十年前からこの地域に住んでいる人にお話を聞くのもいいでしょう。五十年前のこの街はどんな街だった? と聞けばきっとお話してくれるはずです。タイムマシンがなくても、実は過去を鮮明に頭に思い浮かべることができるわけです。それはもうタイムトラベルしたのと一緒です。そして、今度は未来を想像してみましょう。過去を知ると未来も見えてくるかもしれません。

昔を知ることで未来を想像してみよう

地域の過去、現在、未来を書いてみよう

好きな場所を探して、その場所の過去、現在、未来の姿を調べてみましょう。
みんなのお気に入りの場所を探すことで、より一層地域のことが好きになり、どのような地域に住みたいかが見えてきます。自分の好きな場所を書いたら友達やお母さんお父さんおばあちゃんおじいちゃんなど色々な人に過去どうだったか、将来どうなってほしいか聞いてみましょう。

1，あなたの地域で、あなたの好きな場所がどこか考え今どのような場所か、何があるか、どうして好きなのか書いてみましょう

あなたの好きな場所：		
どのような場所か	何があるか	どうして好きなのか

2，その場所の過去の姿を図書館や話を聞いて調べてみましょう

調べたことを書いておきましょう

3，その場所の未来の姿がどんな場所になってほしいか、他の人の話も聞いて考えてみましょう

第４章

探検・発見したことを誰かに伝えてみよう！

探検・発見したことを発表しよう

探検し、発見し、調べて、考えたことを発表してみましょう。自分だけのものにするのはもったいないですし、発表することでいろいろな人の目に触れて、新たな考え方や自分では気づけなかった見え方が生まれるからです。結果、その発見がさらに大きな一歩を踏み出すかもしれません。意見交換することが重要なわけです。

発表する場所がない、と考えるかもしれないですね。でも、そんなことはありません。もちろん通っている学校で発表することもあるでしょうし、コンクールのようなものもあります。またインターネットで個人的に発表することもできます。とにかくせっかくの発見を多くの人の目に触れる状態にすることが大切です。

どうやって発表するの？

発表の方法は様々です。ポスターやパワーポイント、作文・図画工作などがあります。それぞれ形式は異なりますが、ゴールは一緒です。自分の発見をよりわかりやすく、多くの人に伝え、興味を持ってもらえばいいわけです。

そのために必要なことが三つあります。

まず、あなたが何を発見したのか、何を伝えたいのか、「テーマ」を見つけることです。

次に必要なのが「ロジック」です。難しい言葉ですが、ここでは「道筋」と表現してみます。発見し、調べて、考えたことをどうすれば、何も知らない人たちに理解してもらうのかの道筋を考えるわけです。

たとえば、駅前で郵便局への行き方を聞かれたとします。どう説明すれば伝わるでしょうか？いきなり目的の郵便局の前にあるコンビニから説明してもきっと通じないですよね。また駅前にいるのに、この駅に来る道を教えても意味はありません。

発表にもそのような道筋があるわけです。何も知らない人にいきなり専門的な話をしても通じないかもしれません。同時に結論までが長すぎても飽きられてしまいます。

三つめは、「レトリック」です。これも難しい言葉ですが「わかりやすい表現」とここでは考えたいと思います。道筋が決まってもわかりやすい表現がないとやはり伝わらないこともあります。

道を聞かれた時に「この道の先にある赤い看板で、黒字でだんご屋と書かれた古い建物があるのが見えますか？」と説明すればとてもわかりやすいですが、「あそこにお店があって」だと全然わからないですよね。これも発表には大切なことです。

まず、あなたが発見し、調べて、考えたことを整理し、伝えたいこと（テーマ）を見つけます。そしたら、伝えたいことの道筋（ロジック）を考え、わかりやすい表現（レトリック）を考えます。次のページからは調べたことのまとめ方や、それぞれの発表に適した方法の考え方を紹介していきます。

意見をまとめて発表してみよう

調べたこと・わかったことのまとめ方①
テーマを見つけるために発表の材料を整理する

あなたが見たもの、調べたもの、考えたことは、きっとたくさんあると思います。その中で何を発見したのか、そのテーマを見つけます。あなたが発見したテーマはとても大切です。しかし、あなた自身がその発見したテーマをみつけないといけないので、とても難しいことでもあります。

そこで、テーマをみつけるために、まず、テーマを考える材料を集めます。それは、あなたが地域を探検したときの写真やスケッチした絵、地域を調べたときに読んだ本やインターネットのページ、考えたときに書いたメモ、探検の時に使った地図、この本のワークシートなどです。調べたものを一度全部並べてみましょう。

あなたが「おもしろい！」と思ったこと、「知らなかった！」と驚いたことを、集めて整理しながらふりかえります。

そして、このことをもっと調べたい！　と思ったら、また本を読んだり、その場所に行ったりして、もっともっと調べてみましょう。

これを繰り返すと、「テーマ」を考える材料が増えていきます。そして、増えた材料を整理しながら、あなたが発見したこと、つまり「テーマ」をじっくりみつけていきます。

その時、急に一つのテーマを見つけようとしなくても大丈夫です。

発見したこと（テーマ）を思いつくままどんどん書き出してみましょう。

それから、心にぴったりくるテーマを一つ選びます。

それが、あなたにしか発見できなかっ

地域で面白いと思ったものを調べてみよう

調べるものは何でも OK

た素敵なテーマとなります。

実は、テーマのために集めた材料は発表の材料にもなります。そこで、集めた材料を発表のためにもう一度整理しましょう。

ここで大事なのが「ロジック（道筋）」です。集めた発表の材料で、発表に使えるもの、使えないものを区別します。

この区別の時に大切なのが、わかりやすい表現「レトリック」です。発見した内容、テーマが伝わる写真や絵、グラフなどを選んでいきます。

書いたメモをふりかえってみよう

地図を見ながら調べたことを整理しましょう

調べたこと・わかったことのまとめ方②
わかったことをまとめる７つの順番

発表するためには、まず自分が調べてきたことをまとめたり、それを分類し意見を考えたりしなくてはいけません。ここではそのコツ、考えをまとめる七つの順番を紹介します。

①テーマ：発見したことは何か。
これは、あなたが発見したこと、テーマをじっくり考えみつけます。

②道筋（ロジック）：あなたの発見に至った過程をどのような順番で説明したら初めて聞く人もわかりやすいのかを考えてみます。

③発見した過程：「いつ」「どこ」「誰」「なに」「なぜ」「どのように」ということを書き出してみます。あなたが発見した過程を他の人にわかりやすく伝えることができます。

④具体的な事例：「どのような例があるのか」「具体的にはどういうことか」など、具体的な写真や絵、グラフなどを取り入れながら説明すると、他の人も「この場所のことだね！」「この生き物のことだね！」と、あなたの発見を共有しやすくなります。

⑤関係や比較：「○○と□□はどのように関係しているのか／違うのか／似ているのか」など、調べたこと、わかったこと、発見したことをみつけて比較したり、関係しているものを考察したりして、まとめていくと、また新しい発見がみつかります。

⑥考え・意見：「それについてどう思うか（なぜそう思うか）」など、あなたが発見したこと、その考え、意見を書いてみましょう。これが最後のまとめになります。すると、他の人もあなたがどのように考えて発見したのかが、結論としてわかります。

⑦参考にした本、データを記載：調べたこと・わかったことをまとめるときに大切なことは、どの本、どのデータを参考にして考えたのかを、しっかりとまわりの人に伝えることです。参考にした本やデータは、本のタイトル、論文のタイトル、著者、ページ、発行年、発行した出版社を必ず記載しましょう。

調べたこと・わかったことのまとめ方③
いろいろな発表の方法

発表にはいくつかの方法があります。まずは、家族やお友達と話す、それだけでも立派な発表です。仲のいいお友達なら、あなたの発表を真剣に聞いてくれるし、わかってくれるでしょう。もしわからないところがあっても、わからないと素直に言ってくれるのも友達のよいところです。「一緒に遊ぶ公園にこんな秘密があったよ」と発見したことを教えてあげれば、友達もきっと興味を持ってくれるはずです。

発表してみよう!

もし、そんなに仲のよい友達じゃなかったり、学校の先生、全然知らない人に説明したりするときはどうすればいいでしょう? この時もいくつか方法があります。一つは「ポスター発表」です。大きな紙に調べたことを書き、みんなに見てもらうことができます。次に「パワーポイント」です。みんなの前で大きな画面で発表することができます。「作文」という手もあります。調べてきたことを文章にして読んでもらいます。

すべてが発表ステージ

発表、と聞くと緊張してしまう人もいるかもしれません。でも発表の方法はいろいろです。あなたにあった方法で発表してください。恐れずに発表して、人に聞いてもらうことがなによりも重要です。

もしかしたら歌を歌う、劇にする、実際に体験してもらうなど面白い発表方法があるかもしれません。もしも、おもしろい発表方法が思いついたら、とりくんでみてください。

伝える方法を考えてみよう：ポスターで発表する場合

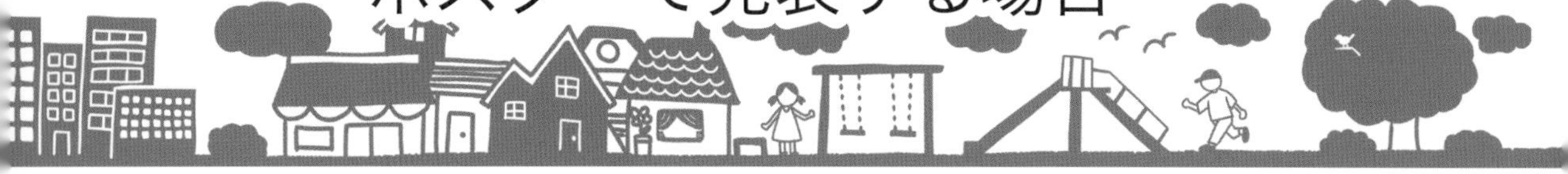

伝え方の一つに大きな紙に調べたことをまとめる「ポスター発表」というものがあります。ポスター発表では、大切な要点をぎゅっと一枚の紙に書くことで、一目で「どのようなことを調べたのか」、「どのようなことがわかったのか」、「どのような感想を持ったのか」を伝えることができます。しかし、ただ書いただけ、まとめただけでは見る人に情報を伝えることはできません、ちょっとしたコツが必要なのです。ここでは、そのコツの一部をお教えします。

一枚の紙に読みやすい流れを作る

ポスター発表で一番大事なのは、遠くから見た人も思わず寄ってきてしまうような、目をひくポスターを作るということです。そのために、まずは一枚の紙のうえで、どこに何を書くかを計画してみましょう。タイトルをどこに書くか、「なぜ調査をしたのか」「何を調査したか」「どのように調べたか」「どんなことがわかったか」「感想」「まとめ」を、どのように一枚の紙の中に詰め込むか、それを考えてみましょう。

ばらばらに書かれていると、見る人は興味を失ってしまいます。よいポスターはきちんとどこに何が書いてあるか、一目でわかるようになっています。書くことが決まったら、まずは鉛筆で、大まかにどこに何を書くか、文章を書くか、絵を描くか、写真を貼るかなどを下書きをしていきましょう。

人の目の動きは縦書きと横書きで読みやすい方向が違います。

ポスターを新聞のような縦書きにするのか、チラシのような横書きにするのかも考えてみます。

人の目線の動き

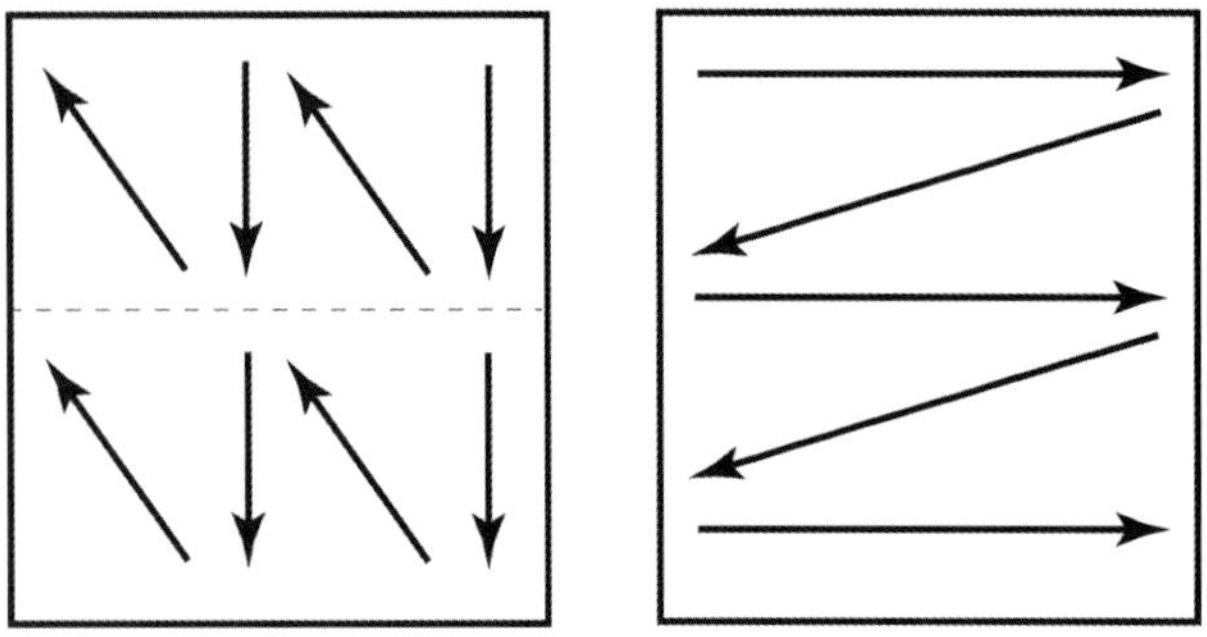

縦書きの場合の目線　　横書きの場合の目線

見てもらう工夫をする

書くことが決まったら、次のことに気をつけて書いていきます。まずは、タイトルや大切な部分の文字の「大きさ」や「太さ」、「色」です。重要な所は大きく書き、説明文は少し小さめに書くなど文字の大きさに強弱をつけて書いていきます。

また定規でうすく線をひいて、字がまっすぐになるように書いた方が見やすいポスターになります。

そのほか、特に大切なところは赤や青など文字の色や文字の下に線を書いて強調するなど、こだわってみましょう。また、文字ばかりだと読むのに疲れてしまう人もいるかもしれません。そんな時は図や絵、写真などを貼ってみます。自分が読んで楽しいかどうか考えながら作るといいですね。

誰が見てもわかる、でもシンプルに！

最後に、たくさん調べた内容を全部書きたい気持ちをぐっと抑えて、わかりやすくシンプルに書くことを心がけてください。だって、文字ばかりギッシリ書いてあるポスターなんて見たくないでしょう？　大切だと思ったこと、どうしても伝えたいことは何か、それを考えればきっといいポスターが誕生するはずです。

ポスター名人になるために

ポスター名人への一番の近道は、たくさんポスターのレイアウト案を作ってみる事です。そうすればどんなふうに作るとみんながみてくれるのか、自分がどんなことを書きたいのかが、だんだんとわかります。もし、街中を歩いていて、わかりやすい説明文やポスター、チラシがあったら、どうして自分がわかりやすいと思ったのか考えてみましょう。最初はそれを真似してみると、自分のオリジナルのポスターをつくれるようになってきます。

伝える方法を考えてみよう：パワーポイントで発表する場合

パワーポイントはプレゼンテーションに用いるソフトです。スライドというページを作ります。どこかの会場で発表する時に使うことが多いです。他にもKeynoteやGoogleスライドなどがあります。このソフトじゃなきゃダメだ！　みたいなことはないので、自分の好きなものを使えばいいと思います。

では、ベートーヴェンの交響曲第５番「運命」を思い出してみてください。いきなり「じゃじゃじゃじゃーん」という誰もが知るメロディで始まると思います。パワーポイントでの発表もそれが大切になります。つまり「一番伝えたいこと」から始まります。

まず一番伝えたいことを示してから、その発見の導入部分（序論）に入っていきます。発表を聞く人が興味を持つようなメッセージから始まっても面白いですね。

パワーポイントをつくるコツは、紙芝居をつくるイメージです。つまり伝える順番とスライド一枚ごとに伝える内容を考えることが大切です。

導入部分では、なぜその発見をしたのか、次に、発見にいたる過程を説明します。発見から調べたことなどを書けばいいわけです。そして、最後にまた結論を示します。

紙芝居のように、一つのお話になるような楽しいストーリを考えながら、パワーポイントのスライドをつくります。

この時大切なことは、一つのスライドに沢山の内容を詰め込みすぎないことです。

スライドを何枚ほど作ればいいのか、というのも悩むポイントです。基本的にはスライド一枚で一分間説明するのが目安になります。特別に複雑なものは一枚のスライドで三分程度の時間をとってもいいです。つまり十五分のスライド作るなら多くて十五枚ということになります。また画像だけのスライドがある場合はプラスで二割程度スライドが増えてもかまいません。

スライドの文字の大きさも気にする必要があります。最低でも十八ポイントは欲しいところです。もし発表の会場が大きい場合は、後ろの席の人でも見えるようにもっと大きな文字使います。また一行あたり十五文字で改行を入れると読みやすくなります。

　またグラフを入れると、視覚的に訴えることができて効果的です。

折れ線グラフ：経過を表すことができます
円グラフ：内訳を表すのに向いています
棒グラフ：比較や分布を表すことができます
散布図：分布や相関を示すのに向いています
レーダーチャート：比較を示すのに向いています
出典）竹内元一（1998）：知的生産のための図解表現ハンドブック

発表の時に気をつけること

　発表の時は一番難しいかもしれませんが、緊張しないことが大切です。そのためには練習するのが一番です。スライドとは別に、このスライドの時はこのようなことを話す、という原稿を作っておくのが一番よいと思います。強調したい部分はゆっくりと、声のトーンを変えるのも効果的です。

　そして一番大切なのは大きな声で話す、です。これは全てに言えるのですが、声が小さいと聞き取れませんし、自信がないように聞こえます。その発見はあなただけがしたものです。自信を持って話していいんです。だから、大きな声で発表しましょう。

大きな声で発表しよう

伝える方法を考えてみよう：作文で発表する場合

一番伝えたいことから考える

パワーポイントのページでベートーヴェンの交響曲第5番「運命」の「じゃじゃじゃじゃーん」のお話をしました。それと一緒で作文もやはり一番伝えたいことを　最初に考えるところから始まります。

冒頭に一番伝えたいこと、または発見したこと（結論）を書いて読者の興味を惹いて、その結論に至る経緯を順番に書いていき、最後にまた冒頭の同じ結論を示すわけです。実はパワーポイントと一緒なんです。話すか、書くかの違いしかありません。

作文を書く時は、じっと頭の中で考えるよりも、書きながら、目と手で書いている文字を確認し、書いて、考えながら、書く内容をきめていきます。

パワーポイントで紹介した折れ線グラフ、円グラフ、棒グラフ、散布図、レーダーチャートなど、視覚的表現や写真などは作文の中でも積極的に取り入れていきましょう。

あなたの言葉を書きましょう

あなたの言葉を書くことが大切です。たとえば「有名な〇〇という建築家が作った建物で、瀬戸内海に面したテラスでは、地元で作ったレモンを使ったレモネードを飲むことができます」と文章にしたとします。結局、どうなんですか？　と思いませんか。あなたがそのテラスに立った感想を書いて欲しいです。美しいのか、波音が聞こえるのか、海風が気持ちいいのか、レモネードは美味しいのかなど。体験したあなたにしか書けない文章があるわけです。

心を動かせれば大丈夫

文章を書く時に文法的に大丈夫かな？　などと思うことはありませんか？　もちろん正しい文法を用いることは大切ですが、それ以上に大切なのは「伝わる」ことです。読んだ人の心が動かされること、面白いと最後まで読んでもらうことが何より大切です。

とは言っても、人に伝わりやすい文章を書くコツはあります。

文章は
・主語と述語がきちんと対応しているか
・長すぎる文章はできるだけさける
・一つの文章に、いくつもの情報を詰め込まない

また使う言葉も大切です。あなたが使う言葉は作文全体で統一します。たとえば、あるときは「森」と書いたり、ある時は「森林」と書いたりと、そのとき、そのときで違う言葉を使ってしまっては、読む人が混乱してしまいます。

あなたが伝えたい言葉は、どの言葉がぴったりくるのかを考えてから、使う言葉を選び、作文の中で統一しましょう。

そのためには?

多くの文章を読むことが大切になります。そして、心が動かされたら、なんで心が動かされたのだろうと分析します。ただ読むだけではダメなんです。分析して自分なりに言葉にして、今後自分の書く文章にも反映していきます。

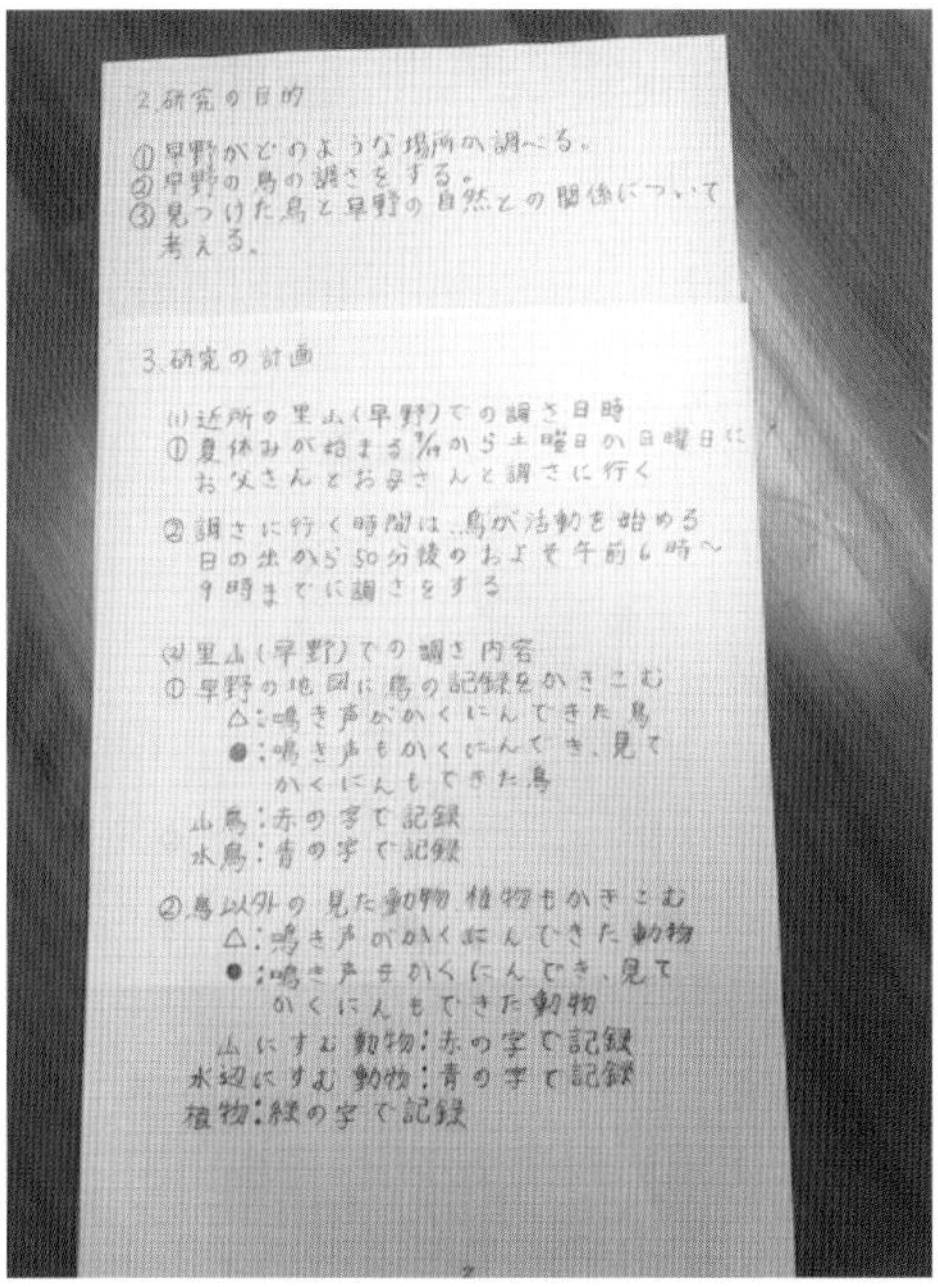
2.研究の目的
①早野がどのような場所か調べる。
②早野の鳥の調さをする。
③見つけた鳥と早野の自然との関係について考える。

3.研究の計画
(1)近所の里山(早野)での調さ日時
①夏休みが始まる7/19から土曜日か日曜日にお父さんとお母さんと調さに行く
②調さに行く時間は、鳥が活動を始める日の出から30分後のおよそ午前6時～9時までに調さをする

(2)里山(早野)での調さ内容
①早野の地図に鳥の記録をかきこむ
△:鳴き声がかくにんできた鳥
●:鳴き声もかくにんでき、見てかくにんもできた鳥
山鳥:赤の字で記録
水鳥:青の字で記録
②鳥以外の見た動物、植物もかきこむ
△:鳴き声がかくにんできた動物
●:鳴き声もかくにんでき、見てかくにんもできた動物
山にすむ動物:赤の字で記録
水辺にすむ動物:青の字で記録
植物:緑の字で記録

発見した過程をかいてみよう

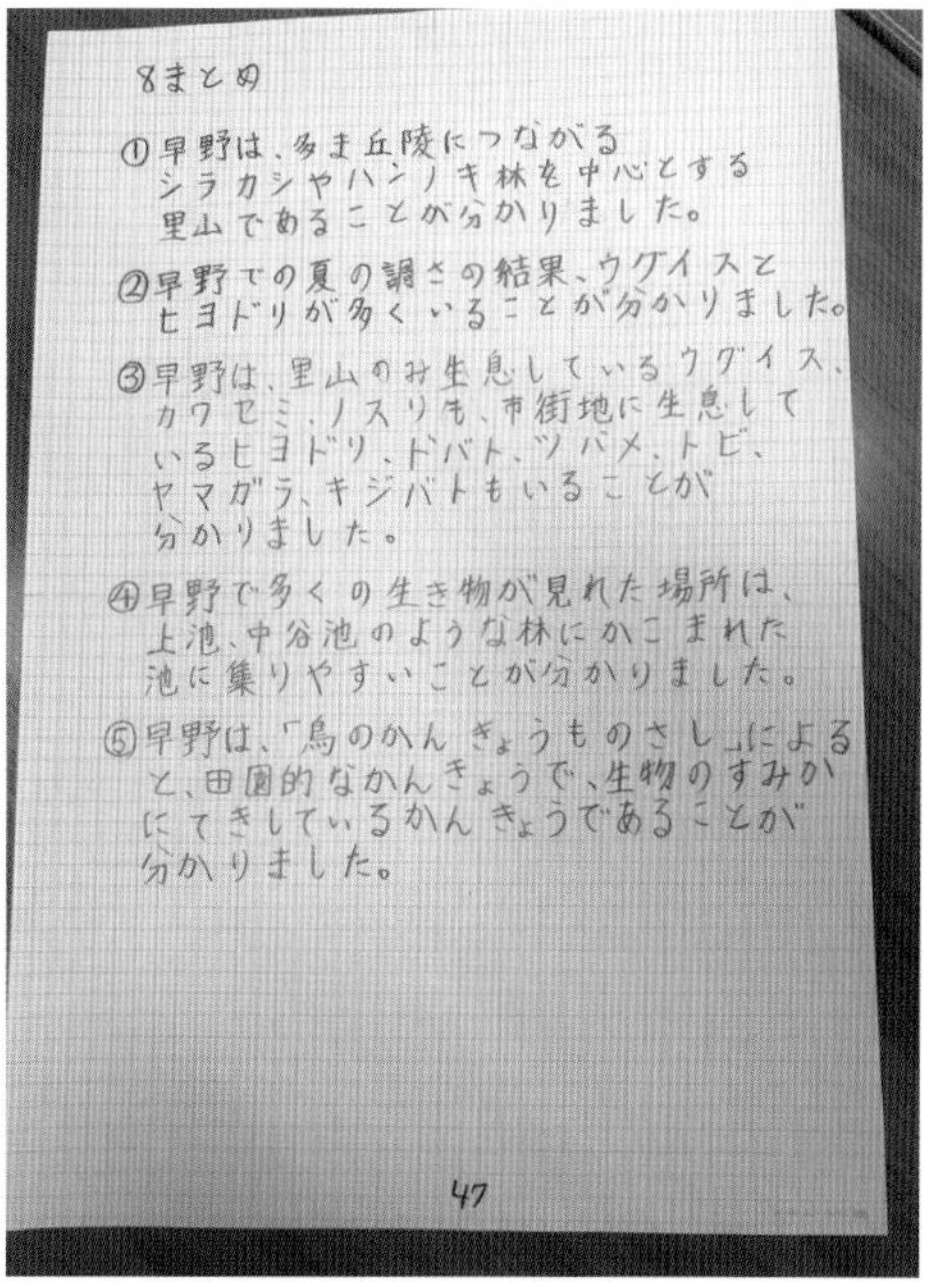
8まとめ
①早野は、多ま丘陵につながるシラカシやハンノキ林を中心とする里山であることが分かりました。
②早野での夏の調さの結果、ウグイスとヒヨドリが多くいることが分かりました。
③早野は、里山のみ生息しているウグイス、カワセミ、ノスリも、市街地に生息しているヒヨドリ、ドバト、ツバメ、トビ、ヤマガラ、キジバトもいることが分かりました。
④早野で多くの生き物が見れた場所は、上池、中谷池のような林にかこまれた池に集りやすいことが分かりました。
⑤早野は、「鳥のかんきょうものさし」によると、田園的なかんきょうで、生物のすみかにてきしているかんきょうであることが分かりました。
47

まとめ、結論まで考えることが大切

伝える方法を考えてみよう：絵や工作で発表する場合

調査内容をもとに絵や工作し展示して発表する方法もあります。

たとえば調べた昆虫や鳥、植物を丁寧に絵に描いてみるのも素敵ですね。

じっくり観察した鳥の羽の模様、顔の模様、昆虫の形や生息場所、植物の葉の形やつき方など細かく丁寧に観察してみましょう。

それを絵に表現して、誰かに伝えることもおもしろいですね。

博物館や美術館では、キャプションと呼ばれる説明文がついてます。

キャプションには、テーマやこの絵をいつ、どこで、どのように観察して描いたのか、そして、絵を描いてみて発見したことなどを書いてみましょう。

どこに何を置くか考えよう

置くものが決まったら、置く場所を考えます。見ている人はどのように会場を動くか（これを動線と言います）を考えながら、会場全体のデザインを考えてみましょう。入り口に目をひくものを置く、人が立ち止まりそうなところは通路を広くする、途中で飽きないために触れるものや体験できるものを置く、などさまざまな工夫ができるはずです。

置く場所を決めたら一度みんなで想像しながら会場を歩いてみましょう。意外と見にくかったり、わかりにくかったりすることが出てくるかもしれません。

常に自分だったらどう感じるかを考えながら展示を考えてみましょう。

伝える方法を考えよう：発表のルール

発表する内容や話す練習をしよう

発表するときも一番大事なことは、「誰に」「何を」「どのように」伝えるか考えることです。特に誰に発表するのかはとても重要です。

説明を聞いてくれる人が大人か、子どもか、どのような人かなど相手を知ることは、発表を行う上でとても重要になってきます。相手の一番興味をひく内容、わかりやすい言葉で話す必要があります。

たとえば皆さんは、赤ちゃんにしゃべるときと、おばあちゃんにしゃべるとき、友達にしゃべるときで、内容や声の大きさ、話し方を変えていると思います。発表のときもそれを意識して話すようにしてみてください。

「何を」や「結論はなにか」「どのように調べたか」などをわかりやすく伝えることを心掛けてみましょう。

上手に発表するコツ
1人で発表する場合

今この本を読んでいる人の中には、発表が苦手な人もいると思います。実は私もとっても苦手です。まずは緊張をほぐす一番簡単な方法をお教えします。

それは「何度も人前で発表する」ということです。まずは家で一人で、次にペットの犬や猫、金魚に発表してもいいでしょう。

慣れてきたら次はいよいよ人です。一緒に発表するグループの人、家族や友達、学校の先生など知っている人に発表してみます。そうすることでだんだんと慣れてきて、人の前で話すことが怖くなくなってきます。練習あるのみなのです。

どうしてもうまく発表できない人は、発表する内容を紙に書いてまとめておき、それを読みあげることからはじめます。この時一番大切なことは「大きな声ではっきりと読む」ことです。大きな声で発表することで人を説得する力が生まれます。

伝える方法を考えよう：グループで発表する場合

だんだん慣れてきたら、今度はできるだけ紙を見ず、みんなの目をぐるっと見ながら話します。「皆さんは○○を知っていますか？」と質問をしてみたり、大事なところで一呼吸おいて、声を少し小さくしたりするのもいいでしょう。聞いているみんなの注目がぐっと集まるはずです。

グループで発表する場合

ポスターや作文、パワーポイントなどを作ったら、ぜひグループで発表に挑みましょう。もちろん一人で発表することもできます。だけど、グループのみんなで協力して発表することで、自分だけでは思いつかなかった考えに出会えたり、逆に自分の考えが深まったり、みんなで決定する楽しさを味わえたりします。

また、自分がちょっと苦手だったことがわかることもあるし、逆にここは苦手だから、得意なこれを活かそうとわかることもあります。自分ができないことも、他の誰かと協力すればできるかもしれません。発表を行うことで、誰かに伝える難しさや楽しさを学んでみましょう。

グループの中で担当を分けてもよいでしょう。自分の担当のところをしっかり発表できれば、あとはグループの仲間が頑張ってくれます。

発表の時に、他のグループの発表をしっかり聞くことも上達への近道です。発表の上手な人、話が上手な先生がもし学校にいたら、どういったところが上手か、よく観察してみてください。きっと学ぶものがあるはずです。

自信をもって発表しよう！

繰り返しになりますが、調べたこと、まとめたことを一番知っているのは皆さんです。自信をもって発表してください。

そして、発表が終わったら自分たちの発表で、どこが良かったか、どこがわかりにくかったか、みんなで話し合ったり、聞いていた人たちにたずねてみたりしましょう。そこを直せば、次の発表はもっとよくなるはずです。

発表を聞くルール

発表をすることと同じくらい、他の発表の人を聞くことが大切です。

発表を聞く時は、「それは違う」と否定したり、「こんなことも知らないの？」と責めたり、ひやかしたり、からっかたりしてはいけません。誰かが、このような態度をとると、発表する人も聞いている人も不安な気持ちになってしまいます。

意見が違うことはわるいことではありません。違う意見でも安心して発表できることがとても大切です。そのためには、聞く人の態度がとても重要なのです。

聞く時の大切なルールはおしゃべりをせず、時にはうなずきながら、相手の発表を聞きます。「おもしろい」と思ったことや、質問を思いついたら、メモをしながら聞きましょう。

そして、発表がおわったら、「ここはとてもわかりやすかったよ」などの感想を伝えたり、質問をしたりしてみましょう。

発表が終わったら、思いっきり拍手をしてあげることも、良い発表の聞き方だと思います。

うなづきながら聞くことも理解を深める

グループで地域の魅力や未来を考える方法

あなたが地域を探検し発見したことを、もっとお友達と考えたいと思ったとき、地域の魅力や未来を考える方法をお伝えします。

まずは友達と五人から六人のグループになります。地域はさまざまな要素で成り立っているので、さまざまな人の意見を聞くことで地域の姿を見つめることができます。

グループになったら地域で調べたことをすべて紙に書いてみてください。どんなに小さなことでも、重要ではないことでもかまいません。頭の中にあるすべてのことを一度全部出します。これを「ブレインストーミング（脳の嵐）」脳みそに嵐が来たと思ってすべてを吹き飛ばし一度外に出してみましょう。

ブレインストーミングのルール

この時に大事なルールが四つあります。それは一つ「他人の意見を否定しない」一つ「楽しく自由に意見を出す」一つ「質より量を重要視する」一つ「意見をくっつけ、発展させる」です。とにかくたくさんの意見を出すことが重要です。こんなことを見つけた、あんな話を聞いたなど、「言ったら笑われるかな？」なんて考えずにどんどん紙に書いていきます。また、似たような意見にはどんどん意見を重ねて自分の聞いた話や発見したことに追加していきましょう。

意見をまとめ、整理する

ブレインストーミングで出した意見を同じような仲間や、おもしろい組み合わせでまとめていくことも大切です。まとめることで、自分たちの発見の形が見えてきて、一番伝えたいことがわかってきます。一番簡単なのが、似た意見をグループにして、タイトルをつける方法です。この方法の発案者である川喜田二郎さんの名前の頭文字をとって「ＫＪ法」と言われています。まとめることでさらに、調査したいことや発見が生まれることもあります。

でもこの時一つだけ気をつけてください。意見を無理にまとめる必要はありません。もしかしたら、一つだけある意見が、とても重要な意見かもしれません。無理にまとめてその意見を見逃してしまったり、捨ててしまったりするくらいなら、一つだけの意見のグループとして残しておけばいいのです。

一番言いたいことを見つけよう

たくさんの意見が出てある程度まとまったら、次は一番言いたいことを探してます。人によって意見はばらばらかもしれません。その中でも特に面白いと思ったこと、大切だと思ったことを見つけてみましょう。それが皆さんの考え、木に例えるなら「幹」の部分となります。

みんなで考えをまとめよう

地域の魅力や未来を考えるときに、正解というものはありません、正確に言えば「正解は無数にある」ということになるかもしれません。植物から見た地域、動物から見た地域、防災から見た地域、人の暮らしから見た地域。それぞれの答えや見えたものは違っても、それは同じ地域の一つの顔にすぎません。

それほど地域とは多くのことが蜘蛛《くも》の巣のように結びついて成り立っているということです。

発表の時は、ぜひみなさんがグループで話し合い、まとめた考えを聞かせてください。そして他の班の発表を聞き、もっとこういう考えもあったねと話し合ったり、新たに地域に調べに行ったりしてみましょう。きっと新しい地域の顔が見えてくるはずです。

第5章　私たちの地域デザイン

豊かな地域デザインを目指して

探検からつながる地域デザイン

地域の探検はいかがでしたか。歩いて、見て、聞いて、ときには昔にタイムトラベルをしながら、どんな発見がありましたか。探検を通じて、「知らなかった！」、「これはおもしろい！」と、ワクワクしたものすべてが大発見です。

探検し「発見」したことを、ワークシートや図鑑を使いながらさらに調べて、「新しい発見」を見つけた人もいると思います。

そして、「発見」したことを誰かに「伝えてみる」では、自分でテーマを見つけ出し、発表の順序を考え、わかりやすい発表になるように工夫し、本当に頑張ったと思います。さらに、友達と「どんな地域になったらいいかな」と考えることで、未来を創るアイデアが出てきたと思います。

つまり、地域デザインとは、地域の中を探検し、ワクワクするものを発見し、発見したものについて調べて考えることで、「地域の〇〇はこういうことだったのだ！」とひらめき、納得する新しい発見をすること。さらに、この発見を誰かに伝え、一人の発見がみんなの発見となって、地域がもっと良くなることをみんなで考えることなのです。

どんな発見をしたのかな？

発見を調べてみよう

私の発見　私の地域デザイン

例えば、地域の景観を調べた人は、当たり前と思っていた眺めから、自然に関するもの、人間の生活に関するもの、文化・歴史に関するものなど、地域のあらゆるものを発見し、さらに、景観診断したことで、もっと美しい景観をつくる地域デザインをしてくれたはずです。

生き物や植物を調べた人は、生き物や植物が多くいる場所の環境の特徴を発見し、その環境を残していくためにはどんなことができるのか、生き物と人々の未来を考える地域デザインをしたと思います。

身近な土を調べた人は、植物が落ち葉となる土、農作物を育てる畑等、足元の土から自然や暮らしの向き合い方を考える地域デザインがあったかもしれません。

地域の魅力や不思議なもの調べた人は、おもしろいもの、素敵なものを発見し、それをみんなに発表し紹介することで、住んで楽しくなる地域デザインがいろいろあったと思います。

住んでいる場所の思い出を聞き取りから調べた人は、昔の地域のお祭りや文化、郷土料理など地域が積み重ねてきた文化を発見し、地域の歴史からみる地域デザインしてくれました。

地域の過去、現在、未来を地図や図書館で調べてくれた人は、地域が積み重ねてきたもの、なくしてしまったもの、これからも大切に残していくものを発見し、過去を知り、今を見つめ、未来を考える地域デザインをしてくれたと思います。

私たちの地域デザイン

このような地域デザインを終え、「私が住んでいる地域」から、自然、生き物や家族、友達、いろいろな人とつながる「私たちが住んでいる地域」へと心が広がっていると思います。これが地域デザインの大切ポイントです。

なぜなら、地域とつながっていると感じる気持ちは、「社会的コンピテンシー（能力）」と言われる「自分がまわりのためにできることは何かを考える力」、「誰かと一緒に頑張る（協働する）力」につながるからです。

この力は、地球の未来のために必要な「持続可能な開発のための教育（ESD：Education for Sustainable Development）」でも大切な力と言われています。つまり、「身近なところ」から始

まる私の地域デザインは、地球の未来を考える私たちの地域デザインにまで広がっていくことができるのです。

地球をみつめて 流域からの地域デザイン

ここで視点を変えて地球のことも考えてみましょう。地球は今、困っていることがたくさんあります。この本ではその中で地球が抱えている三つの問題を解説することにします。

一つ目は、気候変動です。一八世紀半ばから、人間が石炭や石油をたくさん使い始め、地球の大気中に二酸化炭素が急激に増え始めました。二酸化炭素は、宇宙に出ようとする赤外線を大気中にとどめる力が強いので、地球は熱を放出できなくなり、地球の気温がだんだん高くなってきていることを「地球温暖化」と呼びます。

地球温暖化は大雨や猛暑などの異常気象、気候変動の原因にもなるといわれており、世界では洪水で困る地域もあれば、雨が降らず土地がカラカラになってしまう地域など世界中の人々の暮らしに影響を与えています。

そして、地域の気候変動の問題は他の地域の問題にもつながっています。

どうすればいいのか、そのヒントは地域を流れる川にあります。川でつながる地域デザインを考えてみましょう。

川の上流・中流・下流まで川が降水を集めている範囲、または川の流れに沿った両岸の地域を「流域」と呼びます。そして、流域単位で水質保全、治山治水、災害など地域と地域、もっと広いつながりを考える地域デザインが流域にはあります。

たとえば、私たちの住んでいる川の上流をたどっていくと、山奥の源流にたどり着きます、川の上流域に住んでいる人が、山や源流を大切に守ってくれることで、下流域の人々が水を利用できています。地域はつながり、資源や環境は自分たちのものだけではなく循環するものだという意識があるからです。

日ごろは流域で観光したり、流域の農作物を食べたりして交流し、自然災害が発生した時には流域の安全な場所に避難する等、その流域同士が協力し合う地域デザインがあります。

気候変動の問題も、小さな地域同士のつながりや、大きな世界の取り組みとしてみんなで考えていきたいですね。

自分たちの地域の流域を調べよう

みなさんの地域に流れてくる川はどこから流れてくるのでしょうか。みなさんが飲んでいる飲料水はどこの川の水でしょうか。雨が降り、水が流れる地域を流域と言います。
みなさんの住んでいる地域がどんな地域とつながっているか流域を調べてみましょう。

1，あなたの住んでいる地域の近くの川をすべて書いてみましょう

あなたの住んでいる市町村：	
川の名前	どのような川か

2，あなたの住んでいる地域の飲み水がどこからきているのか調べて書いてみましょう

調べたことを書いておきましょう

3，あなたの飲み水、地域の川が流れている地域の名前をすべて書いてみましょう

調べたことを書いておきましょう

4，調べてみてどのような感想を持ったか書きましょう

地球をみつめて
生物多様性からの地域デザイン

地球が抱えている二つ目の課題は、自然環境の悪化による生物の減少です。四六億年前に地球が誕生し、地球にうまれた一つの細胞から、三八億年という長い年月をかけてわたしたちヒト、その他の動物、昆虫、植物が進化の過程を経て現れ、今この地球には多くの生き物が存在しています。しかし、今地球上では様々な生き物が急速に絶滅しています。

その一つ目の理由は、食べ物や着るものとして、人間が生き物を多く乱獲していること。二つ目は、人間が生き物の棲み処である自然を破壊してしまっていること。三つ目は、人間が運んできた本来その場所にいないはずの生き物、つまり外来種が、もともとその場所にいた生き物を絶滅させてしまっていることが考えられています。

ヤンバルクイナ

例えば、沖縄県の沖縄本島北部のやんばる地域だけに生息している飛べない鳥「ヤンバルクイナ」は、元々日本にいなかったマングースという動物に食べられ個体数が減少しましたが、近年は保護対策により生息域を回復しています。

生き物は、熱帯雨林、山岳、里山、川、砂漠、都市など様々な環境で、さまざまな種類の生き物が生きていて、そして遺伝子レベルでひとつひとつ異なる大切ないのちがあります。これを「生物多様性」と呼びます。

「生物多様性」とは生物が単に多いということではなく、私たち生き物はさまざまな環境で互いに支えあい、それぞれのいのちがつながっていることを意味します。

生き物、植物、土、景観のワークシートは、自然と共生する地域の未来を考える地域デザインの

ヒントになります。

地球をみつめて　食べ物からの地域デザイン

地球が抱えている三つ目は食糧問題です。

世界では食べ物が足りず栄養不足になっている人が多くいます。干ばつや洪水などの自然災害、荒れた土地、戦争などを理由に世界の食糧不足は広がっています。

一方で、お店の売れ残りやお家での食べ残し等、本当は食べるはずだった食べ物のゴミ(食品ロス)もたくさん出てしまっています。日本でも食品ロスは問題になっています。

世界に住んでいる人が、食べ物を残したり、食べ物が足りなかったりということを、なくすためにはどのようにしたらよいのでしょうか。

国連世界食糧計画では、その地域で、その地域の人が食べていくための農業をしていくことが「飢えない世界」をつくるために大切だと言っています。

しかし、日本では、美味しいお野菜やお米を作ってくれている農家の数は減ってきています。

ここで、わたしたちが毎日食べている食事の材料を調べてみましょう（ワークシート13）。いろいろな地域で生産されているものを食べていることに気が付きます。外国から送られてきた食べ物もあります。

地域でつくられている野菜、果物、お米をその地域で食べることを「地産地消《ちさんちしょう》」と呼びます。地産地消は、外国から飛行機や船で運ぶよりもエネルギーは各段に少なく、地球に優しい考え方です。

地域で作られた新鮮な農作物を、どのようにしたらおいしく食べられるのか、食べ物から地域の未来を考える地域デザインも考えてみましょう。

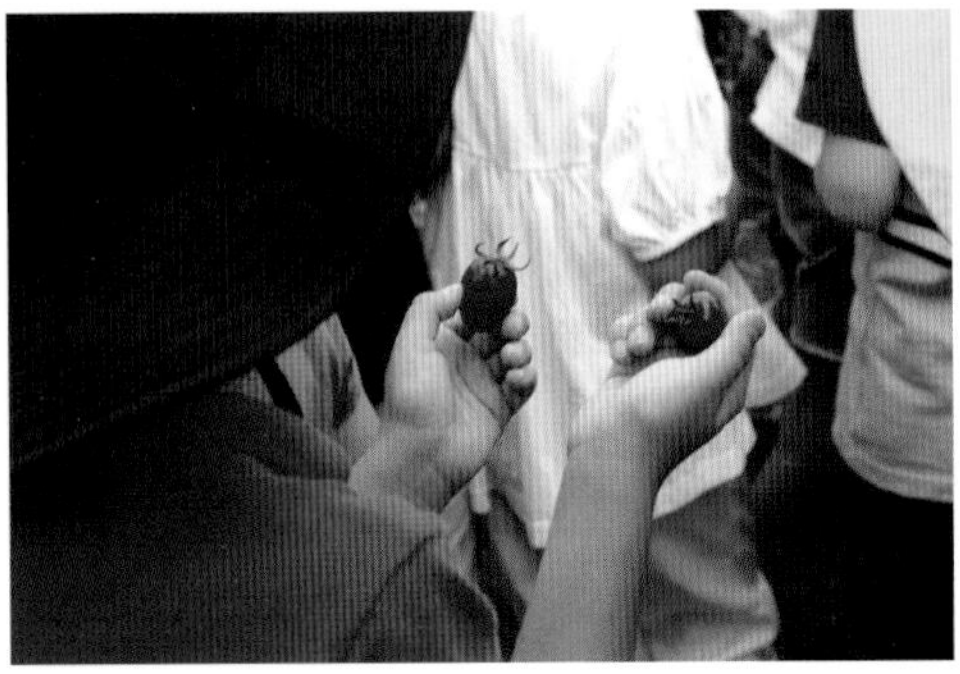

自分たちのごはんがどこからやってきたか調べよう

みなさんのごはんがどのような地域からきているのか調べてみましょう。皆さんが普段たべているごはんは何がどこからきているのでしょうか。自分たちの食卓に並ぶ食材の出身地を調べてみましょう。

1，昨日の朝ごはん、昼ごはん、夜ごはんに何を食べたか、食材を思い出して書いてみよう

	料理名	食材	調味料
朝ごはん			
昼ごはん			
夜ごはん			

2，買った時の袋やスーパーに行き、食べたものがどこからきているか調べてみよう

食材	どこからきたか

3，下の日本地図に食べたものが来た場所と自分の家の印をつけよう

例

自分の家　→　赤い丸

食材（野菜）　→　緑の丸

食材（魚）　→　青の〇

など

外国の場合は下の枠に国名を書いてみよう

私たちの豊かな地域デザイン

最後に、この地球で私たちが豊かに暮らし続けることができる地域デザインとは何でしょう。

地球や地域が抱えている課題は難しいものも多くあります。しかし、地域デザインの素敵なところは、「自分たちの手で未来を創る」ことができるところです。

この本では、「地域デザイン」を通じて、こんな人になってほしいという願いを二つ込めました。

一つ目は、自然、生き物、土、昔の地域、そこで暮らしている人々等、地域のあらゆるものとのつながりを面白いな！　大切だな！　と思える人。

二つ目は、地域をより良いものにするためのアイデアや未来のためにチャレンジし、行動できる人です。

みんなが地域をたくさん探検し、発見し、自然、生き物、人がつながる未来を考える地域デザインが増えれば増えるほど、豊かな地域デザインが生まれると思います。

ちなみに、私は、「豊かな地域デザイン」とは、その地域ならではの宝物を探し、宝物を磨ぎ大切していくための目標や方法をいろいろな人と一緒に考え、みんなでチャレンジすることだと思っています。

私も探検を続けて、豊かな地域デザインを探し続けます。まだまだ、あなたも私も地域の探検は終わりませんね！

そこが地域デザインの面白いところです！

地域のふしぎ発見をしてみよう

みなさんの地域を歩いて、不思議だなと思ったものを発見し、観察してみましょう。どうしてそこにあるのか、そもそもそれは何か、不思議なものの謎を解き明かし地域を知りましょう。

1，あなたの地域を歩いて不思議だなと思うものを見つけてみましょう

2，どんなものだったかあなたが考えた名前を付けて、どのようなものか書いてみよう

あなたがつけた名前	どこにあったか	どのようなものか	どうして不思議に思ったか

3，不思議なものの正体がなんだったのか調べて書いてみましょう

あなたがつけた名前	正しい名前	なんだったか（調べたことを書いてみよう）

この本を手にとってくださった保護者の皆様へ

この本を手にとってくださり、誠にありがとうございます。

私も子育て中の母親です。日々、子育てを頑張っていらっしゃる皆様と同じ仲間として、この本では三つの想いを込めて作りました。

一つ目は、暮らしている地域の中でお子様が心動かされるもの発見し、お子様の探究心、好奇心が、ぐんぐん伸びることを応援したいという想い。

二つ目は、お子様が発見し、調べたことを誰かに伝えることで、自分の好きなもの、得意なものに自信を持ち、キラキラ輝いてほしいという想い。

三つ目は、地域デザインを通じて、自分のことだけではなく、自分のまわりの家族、お友達、自然や生き物、文化、さらには、他の地域や地球のことにまで、想像力を広げて、未来のために夢いっぱいチャレンジしてほしいという想い。

この本を手にとって下さった保護者の皆さまは、誰よりもお子様の健やかな成長を日々願っていらっしゃると思います。一方で、お子様の幸せな成長を願うほど、子育てに悩んだり、心配な気持ちになったりすることもあると思います。私も子育ての悩みは尽きません。

環境教育では、「非認知能力」といわれる目標に向かって頑張る力や、敬意や思いやりを持って人とかかわる力、情動（自尊心、楽観性、自信）を持つ力、つまり、「共につながり生きる力」の教育が、大切だと言われています。

そして、この「非認知能力」を育む環境は、「子どもが五感を通し主体的に行動できる環境」といわれています。

私たちが暮らしている地域には、子どもが五感を使い心動かされるものがたくさんあります。この本では、景観、生き物、植物、土、地図、ヒアリングなど、たくさんの切り口をご用意しました。

お子様と一緒に地域を探検し、

「おもしろい」

「楽しい」

「不思議だな」と思ったものを、ワークシートを使いながら、保護者の皆さまもご一緒に発見してみてください。

この本には、ワークシートも含めて正解はありません。

たとえばワークシートの項目を全て埋めることが難しかったら空欄でも大丈夫です。お子様と一緒に地域を探検し、ワークシートを書きながら、お子様が発見したこと、保護者の皆さまが発見したことを、お互い発表してみてください。お子様の発見に、成長や新たな一面が見えるかもしれません。

同じく、「第四章　探検・発見したことを誰かに伝えてみよう!」も正解はありません。

自分の考えや発見したことを整理し、まとめあげることは、大人でも、とても難しいことです。

この本では、私が子どもの自由研究で苦労したことを思い出しながら、調べてわかったことの取りまとめ方、それを誰かに伝える発表の仕方を取りまとめました。

お子様が、自由研究等、悩んでいる様子でしたら、保護者の皆様はこの本を読みながら、お子様を信じ、少し待ってあげてみてください。

お子様が考えていること、困っていることを聞いてみてあげてみてください。

お子様が保護者の皆様にお話ししているうちに、モヤモヤと混乱している頭の中がだんだんすっきりしてきて、伝えたいテーマや、伝えるロジック（道筋）が整理されてくると思います。

お子様が最後まで、自由研究などまとめきるまで、見守ることは、保護者の皆様も多くのパワーと時間が必要でご苦労も多いと思います。無事お子様の取りまとめが完成したら、お子様のことも、保護者の皆様自身のこともたくさんほめてください。この本はそんな保護者の皆様のことも応援しています。

最後にもう一つだけ、お伝えしたいことがあります。

子どもの時に、楽しく過ごした体験やさまざまな記憶は、成長した後も「懐かしい風景」として心に残ります。

これを「原風景（げんふうけい）」と呼びます。「原風景」は、人格形成や進路選択にも影響することが報告されています。つまり、地域を探検し、発見した子どもの時の記憶は、「原風景」となり、お子様の将来の価値観や行動にもつながります。

お子様との地域の探検が、保護者の皆様にとっては、楽しいひとときや、癒しのひとときとなり、いつかお子様の幸せな「原風景」となることを願っています。

この本を手にとってくださった教員の皆様へ

地球環境問題、加速化する情報化社会など、わたしたちを取り巻く社会環境が大きく変化していく中で、二〇一九年の学習指導要領の改訂では、児童たちが様々な変化に積極的に向き合い、他者と協働して課題を解決していくことや、様々な情報を見極め知識の概念的な理解を実現し情報を再構成するなどして新たな価値につなげていくこと、複雑な状況変化の中で目的を再構築することができるようにすることの重要性が明記されました

この本は、児童の生活圏である「地域」を学習対象として、児童自らの体験を通じて、興味、気づきを発見し、それを他者と共有することで地域の未来を考える「地域デザイン」の教科書です。

本のタイトルにもなっている「地域デザイン」は

① 社会に開かれた教育（よりよい学校教育を通じてよりよい社会を創る）、

② 「どのような視点で物事を捉え、どのような考え方で思考していくのか」という「見方・考え方」の深い学び、

③ 主体的・対話的で深い学びアクティブラーニングとも親和性が高い考え方です。

この本の対象の学年と教科は、主に三年生からの社会科、地域学習としての活用や、小学校・総合的な学習の時間での探求学習としました。また、生活科（一年生・二年生）の身近な自然調べ、理科（三年生から六年生）でも活用頂けたら幸いです。この本を読み進めるうちに、三年生の身の回りからみた地域、四年生・五年生の国土スケールから見た地域、そして、六年生では世界から見た地域の見かたを養うこともねらいとしています。そして、児童の知識及び技能の習得と思考力、判断力、表現力に向けて、「体験する」「調べる」「発表する」「共有する」という構成としました。

一章では、生活する地域の概念から、地域を構成する地形、自然、暮らし、人々まで多様な地域の見方、考え方を解説しています。そして、他者と共有し地域の未来、社会を考える「地域デザイン」という考え

方を紹介しています。

二章では、景観、昆虫、水辺の生き物、鳥、動物、植物、土をテーマに、児童自らが体験しやすい地域の自然の観察方法や調べ方を紹介しています。

三章では、社会的事象の地理的な見方、考え方を地図や地域の様々資料を通して調べ、まとめる方法を紹介しています。また地域の文化や歴史を聞き取るヒアリング調査について丁寧に解説しました。

四章では、考えを伝え、共有し、地域の未来を考える発表方法について解説しています。気づきや発見から、問い・テーマを思考する大切さ、道筋（ロジック）、わかりやすい発表（レタリック）の考え方を解説しながら、児童が「見通す」「工夫する」学習の手助けとなることをねらいとしました。さらに、グループワークの発表方法も紹介し、アクティブラーニングへの展開もねらいとしています。

この本の特色の一つとして、直接関わる活動や体験を重視し、具体的な気づきや楽しさ、自然環境や社会環境とのつながりを発見するために、テーマごとにワークシートを作成しました。ワークシートは、「体験する」「調べる」「考える」の探求学習のステップをデザインしました。

ワークシートは、授業等の教材としても活用いただけたら幸いです。A４サイズに拡大コピー印刷をしても活用しやすいデザインとしました。ワークシートと合わせて二万五千分の一の地形図など、地図と併用し活用いただくことで、地域の具体的な情報を収集しやすく、教育効果も期待できます。

表１　ワークシートのねらいと教科・学年の対照表（参考）

ワークシート番号	ワークシート名	学習のねらい	学年・教科
1	住んでいる「地域」を観察しよう	社会的事象の情報を収集する技能	1･2年（生活科）3年生以上（社会） 総合学習（全学年）
2	「景観」を観察し診断しよう	地域の把握 社会的事象の読み取る技能	1･2年（生活科）3年生以上（社会） 総合学習（全学年）
3～7	地域にいる生き物を観察しよう（昆虫・鳥類・動物・植物編）	生物と環境のかかわりの知識・技能	1･2年（生活科）3年生以上（理科） 総合学習（全学年）
8	身近な土を観察しよう	生物と環境のかかわりの知識・技能	1･2年（生活科）3年生以上（理科） 総合学習（全学年）
9・14	地域の魅力・不思議議を発見しよう	読み取った情報を問題解決に向けてまとめる技能	1･2年（生活科）3年生以上（社会） 総合学習（全学年）
10 11	住んでいる場所の思い出を聞いてみよう 過去・現在・未来を書いてみよう	情報を聞き取りまとめる技能	1･2年（生活科）3年生以上（社会） 総合学習（全学年）
12	流域を調べてみよう	地理的理解、自然と人とのかかわりの知識	理科（流れる水のはたらき）5年 社会（自然災害）3年生以上 総合学習（全学年）
13	ごはんはどこからやってきたか調べよう	食と環境のかかかわりの知識・問題解決	社会科・道徳（3年生以上） 総合学習（全学年）

引用文献・参考文献

1. 和田武，崎田裕子　2004. 21世紀こども百科 地球環境館　小学館こども百科事典（株），小学館
2. 加古里子　1975. 地球（福音館の科学シリーズ），福音館書店
3. 佐藤真久，田代直幸，蟹江憲史　2017. SDGsと環境教育：地球資源制約の視座と持続可能な開発目標のための学び，学文社
4. 中村桂子　2013. 科学者が人間であること，岩波新書
5. 進士五十八，原昭夫，森清和，原口譲二　1999. 風景デザイン―感性とボランティアのまちづくり，学芸出版社
6. 鈴木忠義　2003. 人間に学ぶまちづくり，社団法人　九州建設引済会
7. 敷田麻実，湯本貴和，森重昌之　2020. はじめて学ぶ生物文化多様性，講談社
8. 西村幸夫，野澤康編　中島直人，遠藤新，野原卓，窪田亜矢，桑田仁，島海基樹 2010. まちの見方・調べ方―地域づくりのための調査法入門，朝倉書店
9. 小幡和男，岩瀬徹，川名興，飯島和子，宮本卓也　2020. 全農教　観察と発見シリーズ　樹木博士入門，全国農村教育協会
10. 岩瀬徹，飯島和子　2016. 新版　形とくらしの雑草図鑑：見分ける，身近な300種，全国農村教育協会
11. 日本土壌肥料学会土壌教育委員会　2009. 土をどう教えるか 現場で役立つ環境教育教材 上巻・下巻，古今書院
12. 公益社団法人 国土緑化推進機構　編集協力 森と自然の育ちと学び自治体ネットワーク 2018. 森と自然を活用した保育・幼児教育ガイドブック，風鳴舎
13. 企業・NPOと学校・地域をつなぐ森林ESDに関する研究会　公益社団法人 国土緑化推進機構　2015. 企業・NPOと学校・地域をつなぐ森林ESDの促進に向けて 基礎編・事例編　平成26年度「森林づくり・木づかい国民運動促進事業」（林野庁補助事業）企業・NPOと学校・地域をつなぐ森林ESDに関する検討・普及啓発
14. 吉本哲郎　2008. 地元学をはじめよう，岩波ジュニア新書
15. 東京農業大学地域環境科学部　2002. 地域環境科学概論Ⅱ　地域から環境を考える，理工図書
16. 東京農業大学地域環境科学部　2014. 新版 地域環境科学概論，理工図書
17. 加藤昭吉　1965. 計画の科学　どこでも使えるPERT・CPM　ブルーバックス　B-35，講談社
18. 梶谷真司　2018. 考えるとはどういうことか　0歳から100歳までの哲学入門，幻冬舎新書
19. 河野哲也　2021. 問う方法・考える方法 ――「探究型の学習」のために，ちくまプリマー新書
20. 梶谷真司　2022. 書くとはどういうことか，飛鳥新社
21. ジャスパー・ウ，見崎大悟　2019. 実践 スタンフォード式 デザイン思考 世界一クリエイティブな問題解決（できるビジネス），株式会社インプレス
22. 古谷勝則，伊藤弘他　2019. 実践 風景計画学 ―読み取り・目標像・実施管理―，朝倉書店
23. 文化的景観学検討会　2016. 文化的景観スタディーズ01『地域のみかた－文化的景観学のすすめ－』，独立行政法人国立文化財機構奈良文化財研究所

24. 宮本常一　1968．町のなりたち　日本民衆史５，未来社
25. ふじのくに地球環境史ミュージアム編　2021．百年先～地方博物館の大きな挑戦，静岡新聞社
26. 湯本貴和，飯沼賢司，佐藤宏之他　2011．野と原の環境史（シリーズ日本列島の三万五千年―人と自然の環境史），文一総合出版
27. 岡村祐，野原卓，窪田亜矢，梅川智也，岡崎篤行，羽田耕治，西村幸夫　2009．観光まちづくり―まち自慢からはじまる地域マネジメント，学芸出版社
28. 朝日新聞社編　1968．奥能登，朝日新聞社

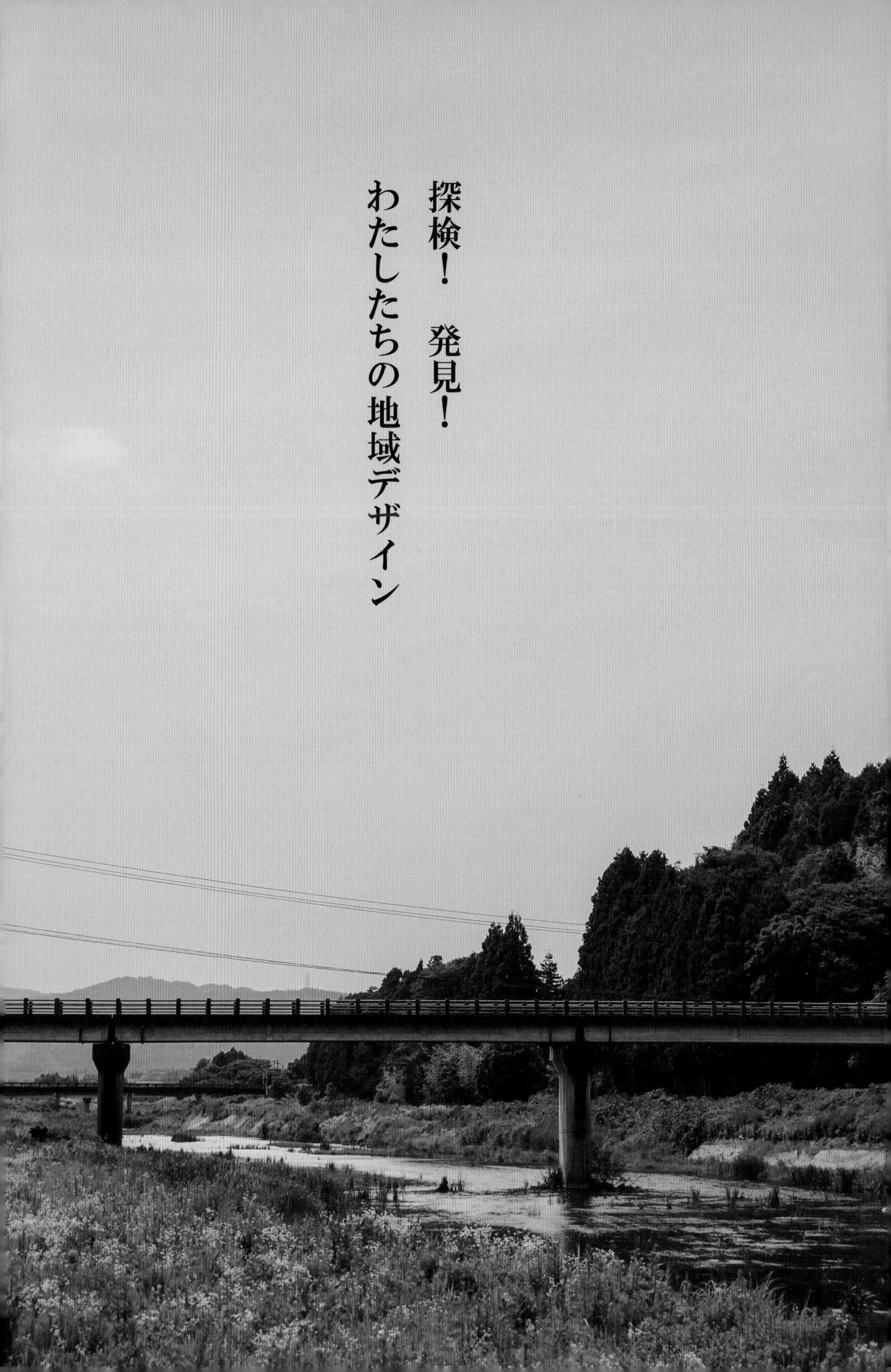
探検！　発見！
わたしたちの地域デザイン

著者紹介
１章、２章、４章、５章担当
町田　怜子　　東京農業大学地域環境科学部地域創成科学科　教授

１章、３章、４章担当
地主　恵亮　　ライター

２章（昆虫・水辺の生き物・鳥・動物編）担当
竹内　将俊　　東京農業大学地域環境科学部地域創成科学科　教授

２章（土の探し方・調べ方）担当
茂木　もも子　東京農業大学地域環境科学部地域創成科学科　助教

２章（植物編）担当
鈴木　康平　　東京農業大学地域環境科学部地域創成科学科　助教

４章　ワークシート作成担当
矢野　加奈子　合同会社流域共創研究所だんどり

岩松　香弥（イラスト）

５章
阿部　美香（イラスト）

探検！　発見！　わたしたちの地域デザイン

2023年（令和５年）７月21日　初版第１刷発行

編著者　町田怜子・地主恵亮・矢野加奈子・竹内将俊・茂木もも子・
　　　　鈴木康平
発行者　一般社団法人東京農業大学出版会
　　　　代表理事　進士 五十八
　　　　〒156-8502 東京都世田谷区桜丘1-1-1
　　　　Tel 03-5477-2666　Fax 03-5477-2747

印刷／共立印刷
ISBN 978-4-88694-533-4 C3061 ¥1100E